彩图 9　蚜虫

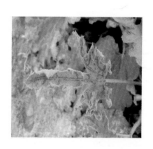

彩图 10　西葫芦病毒病叶片发病症状

彩图 11　西葫芦病毒病病果

彩图 12　西葫芦白粉病叶片发病症状

彩图 13　西葫芦感染灰霉病症状

彩图 14　白粉虱在西葫芦叶片上聚集为害

彩图 15　甜瓜细菌性叶斑病
叶片发病症状

彩图 16　甜瓜病毒病叶片发病症状

彩图 17　甜瓜白粉病叶片发病症状　　　彩图 18　番茄灰霉病病叶典型"V"
字形病斑

彩图 19　长有灰白霉菌的番茄病果　　　彩图 20　感染早疫病的番茄叶片

彩图 21　番茄晚疫病青果发病症状　　　彩图 22　感染番茄晚疫病的叶片

彩图 23　感染叶霉病的番茄叶片　　　彩图 24　丛枝花叶型病毒病症状

彩图25 感染蕨叶型病毒病的
植株叶片上卷状

彩图26 白粉虱为害番茄叶片症状

彩图27 茄子猝倒病病株

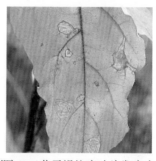

彩图28 茄子褐纹病叶片发病症状

彩图29 茄子褐纹病果实发病症状

彩图30 茄子黄萎病发病症状

彩图31 蓟马在茄子叶片上为害

彩图 32　茶黄螨为害茄子果实症状

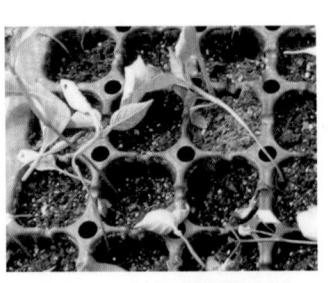
彩图 33　辣椒猝倒病病株

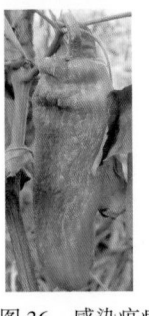

彩图 34　辣椒疫病感病茎秆
节间部位呈黑褐色病变

彩图 35　感染疫病的
辣椒叶片

彩图 36　感染疫病
的辣椒果实

彩图 37　辣椒病毒病患病叶片
的花叶症状

彩图 38　辣椒病毒病重症时
出现畸形叶

彩图 39　辣椒坏死症感病叶片坏死斑

彩图 40　辣椒病毒病感病果实

棚室蔬菜高效栽培

主　编　郑玉艳

副主编　翁　倩　姜晓艳　狄文伟

参　编　乔　军　于　辉　夏国京

机械工业出版社

本书内容包括蔬菜保护地栽培简易设施，棚室蔬菜栽培技术基础，以及与黄瓜、西葫芦、甜瓜、番茄等常见蔬菜相关的棚室栽培技术等，内容紧密结合生产实际，可操作性强。另外，书中设有"提示""注意"等小栏目，可以帮助读者更好地掌握棚室蔬菜栽培技术要点。

本书适合广大蔬菜种植户、农业科技人员、棚室蔬菜生产企业和农村经纪人阅读，也可供农业院校相关专业师生参考。

图书在版编目（CIP）数据

棚室蔬菜高效栽培/郑玉艳主编. —北京：机械工业出版社，2015.6
（2021.1 重印）
（高效种植致富直通车）
ISBN 978-7-111-50503-7

Ⅰ.①棚… Ⅱ.①郑… Ⅲ.①蔬菜 – 温室栽培 Ⅳ.①S626.5

中国版本图书馆 CIP 数据核字（2015）第 129146 号

机械工业出版社（北京市百万庄大街 22 号 邮政编码 100037）
总 策 划：李俊玲 张敬柱 策划编辑：高 伟 郎 峰
责任编辑：高 伟 郎 峰 石 婳 责任校对：樊钟英
责任印制：邹 敏
北京圣夫亚美印刷有限公司印刷
2021 年 1 月第 1 版第 4 次印刷
140mm×203mm・7.875 印张・2 插页・225 千字
标准书号：ISBN 978-7-111-50503-7
定价：29.80 元

电话服务 网络服务
客服电话：010-88361066 机 工 官 网：www.cmpbook.com
010-88379833 机 工 官 博：weibo.com/cmp1952
010-68326294 金 书 网：www.golden-book.com
封底无防伪标均为盗版 机工教育服务网：www.cmpedu.com

序

　　园艺产业包括蔬菜、果树、花卉和茶等，经多年发展，园艺产业已经成为我国很多地区的农业支柱产业，形成了具有地方特色的果蔬优势产区，园艺种植的发展为农民增收致富和"三农"问题的解决做出了重要贡献。园艺产业基本属于高投入、高产出、技术含量相对较高的产业，农民在实际生产中经常在新品种引进和选择、设施建设、栽培和管理、病虫害防治及产品市场发展趋势预测等诸多方面存在困惑。要实现园艺生产的高产高效，并尽可能地减少农药、化肥施用量以保障产品食用安全和生产环境的健康离不开科技的支撑。

　　根据目前农村果蔬产业的生产现状和实际需求，机械工业出版社坚持高起点、高质量、高标准的原则，组织全国20多家农业科研院所中理论和实践经验丰富的教师、科研人员及一线技术人员编写了"高效种植致富直通车"丛书。该丛书以蔬菜、果树的高效种植为基本点，全面介绍了主要果蔬的高效栽培技术、棚室果蔬高效栽培技术和病虫害诊断与防治技术、果树整形修剪技术、农村经济作物栽培技术等，基本涵盖了主要的果蔬作物类型，内容全面，突出实用性，可操作性、指导性强。

　　整套图书力避大段晦涩文字的说教，编写形式新颖，采取图、表、文结合的方式，穿插重点、难点、窍门或提示等小栏目。此外，为提高技术的可借鉴性，书中配有果蔬优势产区种植能手的实例介绍，以便于种植者之间的交流和学习。

　　丛书针对性强，适合农村种植业者、农业技术人员和院校相关专业师生阅读参考。希望本套丛书能为农村果蔬产业科技进步和产业发展做出贡献，同时也恳请读者对书中的不当和错误之处提出宝贵意见，以便补正。

中国农业大学农学与生物技术学院

前　言

　　棚室蔬菜生产在我国具有悠久的历史，但真正大面积发展是在 20 世纪 50 年代，尤其是 20 世纪 80 年代以来发展迅猛。据农业部统计，目前我国棚室蔬菜栽培面积为世界第一，约占世界栽培面积的 90%。

　　棚室蔬菜产业的发展，不仅满足了城乡居民对蔬菜周年均衡供应的需求，大幅度增加了农民收入，而且带动了相关产业的发展，增加了就业机会，取得了巨大的经济效益和社会效益。但我国棚室蔬菜产区仍存在着连作加剧病害、种植结构不合理、施肥及用药不科学等问题。为此，编者组织了长期从事生产实践的科技人员编写了本书，通过图、表、文三者相结合，将抽象的棚室蔬菜栽培知识简单化、形象化；对栽培技术要点及栽培误区等采用"提示""注意"等表现形式，以帮助读者更好地掌握。本书适合广大蔬菜种植户、农业技术人员、棚室蔬菜生产企业和农村经纪人阅读，也可供农业院校相关专业师生参考。

　　本书第一章由郑玉艳编写，第二章由翁倩编写，第三章由狄文伟和郑玉艳编写，第四章由姜晓艳、乔军、于辉、夏国京和郑玉艳编写，最后由郑玉艳对全书进行统稿。在编写过程中，辽宁农业职业技术学院费显伟教授为本书提供了大部分彩色图片，同时编者也参考了有关单位和学者的文献资料和图片资源，在此一并表示感谢。

　　需要特别说明的是，本书所用药物及其使用剂量仅供读者参考，不可完全照搬。在生产实际中，所用药物学名、通用名和实际商品名称存在差异，药物浓度也有所不同，建议读者在使用每一种药物之前，参阅厂家提供的产品说明以确认药物用量、用药方法、用药时间及禁忌等。

　　由于编者水平有限，书中存在不足之处在所难免，敬请广大读者批评指正。

编　者

目 录

第四章　主要蔬菜棚室栽培技术

第一章
概　述

一　棚室蔬菜栽培的意义

　　蔬菜是人们生活中不可缺少的副食品，但要达到周年不断供应新鲜、多样的蔬菜产品，仅靠露地栽培是很难做到的，尤其是我国北方地区无霜期短；而长江流域地区虽然冬季露地能生产一些耐寒蔬菜，但种类单调，且如果遇到冬季寒潮、连绵阴雨等灾害性天气，则早春育苗和秋冬蔬菜生产都可能会受到较大的损失，影响蔬菜的供应。棚室栽培蔬菜可以促进早熟、丰产和延长供应期，是人类征服自然、扩大蔬菜生产、实现周年供应的一种有效途径，是发展"三高"农业、振兴农村经济的组成部分，是现代农业的标志之一。在棚室中进行蔬菜栽培可以利用保护设备在冬、春、秋进行蔬菜生产，以获得多样化的蔬菜产品，可提早或延迟蔬菜的供应期，能对调节蔬菜周年均衡供应，满足人们的需要起重要作用。

二　棚室蔬菜栽培现状

　　20 世纪 80 年代初期，辽宁省海城和瓦房店创建了高效节能型日光温室，并在北纬 40°~41°地区的严寒冬春季节，不加温便生产出黄瓜等喜温性蔬菜，这是棚室蔬菜栽培史上的一个创举。20 世纪 80 年代末，山东省引入该项技术后，在温室结构改造、组装配套技术、拓展栽培的蔬菜种类及高产、优质栽培技术等方面有了很大的改进和提高，使我国的棚室农业得到了突飞猛进的发展。

　　2003 年底，全国的园艺设施（包括小拱棚）的面积已经超过 250 万公顷，其中大型连栋温室仅有 700 公顷左右，而日光温室面积

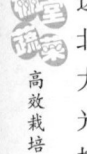
达 60 万公顷以上，占温室和大棚等大型设施总面积的 50% 左右，东北地区的日光温室面积占整个温室和大棚面积的 80% 左右。温室和大棚等大型设施面积占世界设施农业生产面积的 85% 以上。目前日光温室总面积的 95% 以上仍以生产蔬菜为主，但近年来日光温室果树、花卉等种植业及养殖业也在快速发展。日光温室发源地辽宁省的园艺设施面积为 22.5 万公顷，占耕地面积的 5.4%，而棚室蔬菜面积为 20.1 万公顷，占耕地面积的 4.8%。到 2014 年末全国日光温室蔬菜播种面积已发展到 1.6 亿亩（1 亩 = 667m^2）。

日光温室蔬菜的种植种类已超过 100 种，形成了冬春茬、春夏茬、秋冬茬、春茬、秋茬、秋冬春夏周年生产茬等栽培制度。

目前我国生产上应用的日光温室类型多样，即普通日光温室、第一代节能型日光温室、第二代节能型日光温室、第三代节能型日光温室，它们同时存在。其中仍以竹木结构普通型日光温室居多，第一代和第二代节能型日光温室占 35% ~ 45%，第三代节能日光温室甚少，不加温温室类型占总量的 95% 以上。第二代和第三代节能型日光温室的保温、加温、放风、灌溉、施肥等环境调控设备不断完善，热风加温系统、电动卷帘保温系统、放风系统、滴灌系统等开始广泛应用，个别温室开始了简单的环境自动监测与控制。

日光温室产业作为我国设施农业产业中的主体，近年来已成为农业种植业中效益最高的产业，它为解决长期困扰我国北方地区的冬季蔬菜供应、增加农民收入、节约能源、促进农业产业结构调整、带动相关产业发展、安置就业、避免温室加温造成的环境污染、提高城乡居民的生活水平、稳定社会等问题均做出了历史性贡献。

三 棚室蔬菜栽培发展前景

1. 大棚蔬菜生产中存在的问题

（1）连作加剧了病害 受到利益、环境等因素的影响，人们很难完全避免连作，由此便破坏了棚室土壤中的营养平衡，导致土壤恶化，积聚的病原菌越来越多，像根腐病、枯萎病等病害迅速增加，使产量下降，影响收成。

（2）管理跟不上病害加重的速度 多数种植户都采取多种蔬菜混种的方式，劳动量大，管理难度大，导致病害混合交叉，种植户对病害的管理无法达到防治目标，化学药剂的过量使用导致病害加剧，不仅增加了成本，也影响无公害生产目标。

（3）氮肥的过量撒施破坏土壤平衡 一直以来，我国菜农都沿袭经验施肥，导致农家肥的数量严重超标，连续多年的过量施肥破坏了土壤平衡，导致蔬菜品质降低，影响无公害蔬菜的生产。

（4）有害气体的威胁加重 棚室栽培中会产生氨气与二氧化碳，尤其是施肥的深度不够会导致大量的氨气产生，从试验数据来看，如果棚室内的氨气含量达到 5mg/L，会伤害到叶片与生长点；而一次性撒施的氮肥量过大的话会使蔬菜产生生理障碍，导致植株枯萎，阻碍蔬菜生长，降低蔬菜的整体品质。

（5）低温产生的影响 温度对棚室蔬菜的重要性毋庸置疑，一旦光照与温度分布不均，则会产生较大的昼夜温差，导致冷风入侵，植株受到低温影响，出现黄花、叶枯等病害，大部分蔬菜成为无头株，品质下降。

（6）棚室蔬菜种植结构不合理 从当前棚室蔬菜的种植情况来看，种类单一，以黄瓜、豆角等常见蔬菜为主，但人们的生活质量在不断提高，人们对蔬菜种类的要求在不断提高，对无公害蔬菜的要求也在提高，相比之下，东北菜市场的品种单一，很多特殊品种较少，没有形成规模种植，不利于市场供应，影响农民的经济收入。

（7）过度采用高剂量农药 不可否认，随着研究技术的发展，农药的效果更加明显，提高了蔬菜生产量，但是由于农药使用不当，越来越多的高毒、高残留农药开始出现，导致生产出的蔬菜危害人们的健康，破坏生态平衡，甚至使人与牲畜中毒。

2. 解决大棚蔬菜种植问题的对策

从上文的分析中我们不难看出，我国蔬菜种植中仍然存在诸多问题亟待完善，对此，我们必须要高度重视。

（1）合理轮作，土壤定期消毒 不能盲目追求经济效益而一再重茬，必须要建立科学倒茬制度，根据作物的特性做好轮作计划；同时要定期更换新土，进行土壤消毒，保证土壤的质量，有效降低病害，防止病害加剧，保证蔬菜生产的质量，增加农民收益。

（2）加大宣传力度，建立以预防为主的培训体系 要善于利用

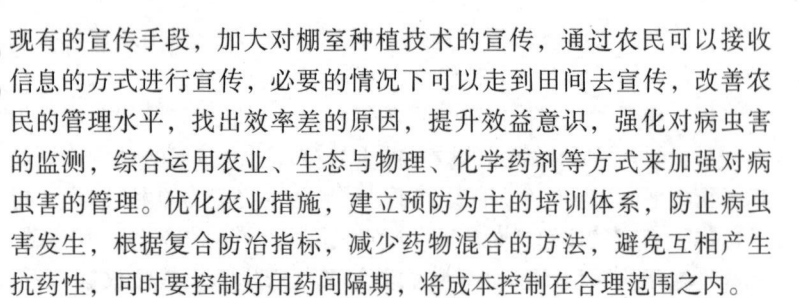

现有的宣传手段，加大对棚室种植技术的宣传，通过农民可以接收信息的方式进行宣传，必要的情况下可以走到田间去宣传，改善农民的管理水平，找出效率差的原因，提升效益意识，强化对病虫害的监测，综合运用农业、生态与物理、化学药剂等方式来加强对病虫害的管理。优化农业措施，建立预防为主的培训体系，防止病虫害发生，根据复合防治指标，减少药物混合的方法，避免互相产生抗药性，同时要控制好用药间隔期，将成本控制在合理范围之内。

（3）增加腐熟有机肥，减少化肥用量　有机肥的营养丰富，可以满足蔬菜生长的多种需求，同时具有改良土壤的作用，适量播撒有机肥可以改善土壤的养分状况，控制蔬菜的硝酸盐含量。但在施肥过程中必须要注意肥料的成熟情况，适量施用，避免有害微生物对蔬菜的污染。同时要控制好肥料撒施的用量，一般优质的农家肥施用量要控制在3000~5000kg/亩。化肥要适当少撒，因为含氮的化学肥料是造成蔬菜植株体内硝酸盐大量积累的主要因素，一般推荐整个生育期的氮肥施用量为：速生绿叶菜类6kg/亩；甘蓝、白菜类10kg/亩；瓜类、茄果类15kg/亩；根菜类10kg/亩。建立实行土壤测土施肥制度，改善肥料的利用率。

（4）防止有害气体增加　强化棚室管理，改变施肥方法。要根据肥料的情况进行深度撒施和分层施肥，减少有害气体的出现。在大棚内尽量减少可以产生氨气的肥料的使用，必要的情况下可以在叶面喷洒100倍液的食醋，与叶面上的氨气发生中和反应，减少其损害。在地面上撒施尿素后，及时浇水与覆盖，一旦棚内有二氧化氮气体，可以用1000倍的小苏打溶液进行处理，减小危害。

（5）强化菜农市场意识，合理布局　多数棚室种植蔬菜都是为了满足本地市场需求，这就要求蔬菜生产既要满足人们的喜爱，同时要兼顾经济效益。应积极引进新品种，尤其是高品质的产品，根据市场行情，合理布局蔬菜种植结构，调整农产品的效益。

（6）增强农药管制，严禁高毒农药　针对这一问题，必须要从源头控制，严禁采用高毒、高残留的农药，强化市场监管，提高棚室种植管理人员的安全意识，严格遵循国家的农作物用药标准，做好登记工作，对所售农药要进行跟踪管理，实现标准化的控制目标，发挥基层团队的功能，改善当前农作物的品质，为社会输送更多无公害产品。

3. 发展方向

1）以经济效益为中心，因地制宜，发展日光温室专业化与产业化。我国国土幅员辽阔，自然气候环境、社会经济状况及市场需求千差万别，因此，日光温室发展应以经济效益为中心，遵循因地制宜原则。当然日光温室生产布局需要在遵循这些原则的基础上，对当地自然环境、社会经济发展状况等进行调查和科学评价后加以确定。日光温室的发展需要根据各种作物对环境和技术的要求，市场对产品的需求及社会经济发展状况，实行专业化生产和产业化生产的结合。

2）以可持续发展为目标，实现日光温室生产的产业化和现代化。近20年来我国日光温室生产面积不断扩大，生产技术不断提高，尤其是在最低气温 −20℃条件下基本不加温也可以生产喜温果菜，开创了世界高寒地区不加温生产喜温果菜的先例。但是我国的棚室生产水平还很低，距农业现代化的要求相差甚远。并且，日光温室生产是一个系统工程，单靠目前一家一户的小规模作坊式生产经营方式很难全面提升其生产整体水平，因此，有必要以可持续发展为目标，大力推进日光温室的产业化和现代化进程，这是我国设施农业未来发展的大方向。

—— 第二章 ——
蔬菜栽培设施及应用

第一节 保护地简易设施

一 风障

冬春季节，菜田栽培畦为了防风和保温，常设置风障畦，对栽培畦起到保护的作用。风障是指安置在栽培畦与当地季候风风向垂直的一排挡风保温屏障，具有风障的栽培畦即是风障畦。

1. 风障的结构

风障按照其高度可分为大风障和小风障两种，其中大风障又可以分为完全风障和建议风障两种类型。风障通常由篱笆、披风草及土背三部分组成（图2-1）。

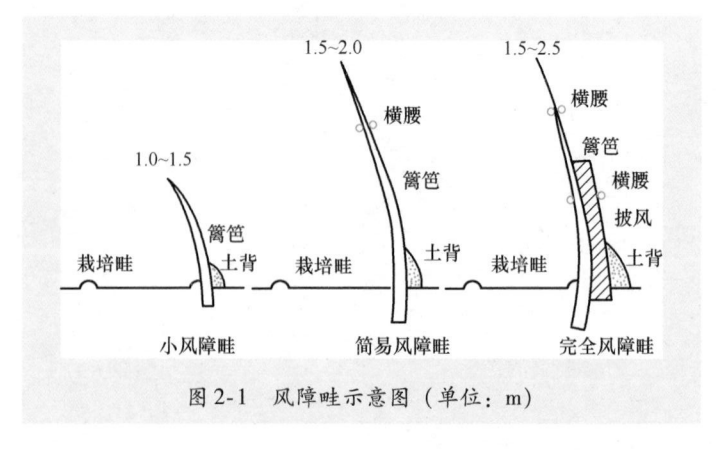

图 2-1　风障畦示意图（单位：m）

（1）**小风障**　高度为 1～1.5m 的小风障，主要由作物秸秆做成，由于它的高度较低，这种风障的防风效果较小，防风范围较少，一般在 1m 左右。

（2）**简易风障**　在栽培畦一侧设置一排篱笆，即简易风障，一般篱笆高度为 1.5～2.0m，篱笆设置较稀，防风效果好于小风障。

（3）**完全风障**　结构设置完全，是由篱笆、披风及土背三部分组成的风障，篱笆高 2.0～2.5m，由玉米秆、高粱秆、芦苇等材料夹设而成。披风材料有稻草、苇席、草包片、塑料薄膜等，围于篱笆的中下部。在使用塑料薄膜时可以选择银灰色反光膜，能增加栽培畦表面光照、提高畦内温度，可以使蔬菜提早采收。在栽培畦基部用土培成 30cm 高的土背，防风范围较大，一般在 10m 左右，防风效果最好。

2. 风障的设置

（1）**风障的方位和角度**　为了达到防风的最好效果，风障的设置方向应与当地季候风风向垂直。此外，还应考虑光照情况，避免风障遮阴。我国北方地区冬春季节以北风和西北风较多，因此，风障设置方向以东西向，偏东南 5° 为最佳。

风障与地面的夹角，冬春季为了增强受光和保温，以向南 70°～75° 为宜，夏季为了避免遮阴，采用 90° 为宜。简易风障多采用垂直设立。

（2）**风障的间距**　间距应根据栽培季节和风障类型而定。一般情况下，小风障的间距可设为 1.5～3.3m；简易风障用于春夏季，间距可设为 8～14m；完全风障主要在冬春季使用，间距可设为 5～7m，每排风障可以保护 3～4 个栽培畦。风障设置并不单一，大小风障可同时配合使用。

（3）**风障的长度和排数**　长度和排数可根据栽培畦的数量和长度而定，通常情况下，风障越长，排数越多，防风和保温效果越好。在风障材料有限的情况下，优先考虑满足风障长度，以减少风障两端风的回流对蔬菜的影响。

3. 风障的性能

（1）**防风**　风障具有明显的减慢风速、稳定畦面气流的作用，

一般可减慢风速 10%~50%，有效防风距离是风障高度的 5~8 倍。各排风障障前不同位置的风速，见表2-1。

表2-1 各排风障障前不同位置的风速（单位：m/s）

风障排数	距风障的距离/m					障外风速/（m/s）
	1.0	2.0	3.0	4.0	5.0	
第一排	0.61	0.91	1.18	1.30	1.67	3.83
第二排	0.30	0.64	1.00	0.84	0.40	3.83
第三排	0.00	0.13	0.43	0.38	0.20	3.83
第四排	0.00	0.00	0.07	0.23	0.00	3.83

（2）增温 风障具有提高畦内气温和地温的作用，有风晴天的增温效果最好（表2-2）。水平方向上，距离风障越近增温效果越好；垂直方向上，距离地面越近增温效果越好。风障的增温能力主要取决于防风能力和风障面对太阳光的反射作用，风障的防风能力越强，障面的反射作用也越强，增温效果就越明显。由于风障畦表面没有覆盖物保温，因此在夜间畦温下降较快，但近地面的温度和地温仍比露地高。

由于风障的防风和保温作用，风障畦冻土层的深度要比露地浅。入春后，风障畦解冻时间早，因此可提前对风障畦进行播种和定植。

表2-2 防风区与露地区环境比较

位置	风速/（m/s）	气温/℃	地表温度/℃	相对湿度（%）	蒸发量/g
防风区	2.4	27.1	31.4	75.0	69.8
露地区	6.4	22.5	19.4	77.9	72.6

二 阳畦

阳畦又可以称为冷床、秧畦，主要利用太阳的光和热对畦内作物起到保温的作用。阳畦较风障畦增加了土框和覆盖物，因而阳畦的保温防寒性能明显优于风障畦，耐寒性蔬菜越冬可以用阳畦来加以保护。阳畦根据其结构可分为普通阳畦和改良阳畦两种。

1. 普通阳畦

普通阳畦由风障、畦框、透明覆盖物和不透明覆盖物等设施组成，如图2-2所示。

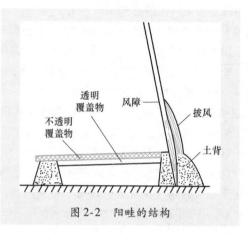

图2-2 阳畦的结构

（1）普通阳畦的结构

1）风障。与风障畦相同，通常使用完全风障，根据畦框的不同，有直立风障和倾斜风障两种，直立风障用于槽子畦，倾斜风障用于抢阳畦。

2）畦框。常用土做成，也有用砖砌成，分为南北框和东西两侧框，根据畦框尺寸的不同，可分为槽子畦和抢阳畦。

① 槽子畦。南北两框几乎等高，似槽型，一般框高30～50cm，框宽35～40cm，畦面宽1.7m，畦长6～10m。槽子畦南北框近等高，畦面没有坡度，因此对光能利用率较低；由于南框高，南部空间大，可种植植株较高的蔬菜或进行假植储藏。

② 抢阳畦。北框高于南框，东西两框成坡形，坡面向南，根据所用的季节确定框的高度与厚度，北框高35～80cm，底宽30～40cm，顶宽20～30cm，南框高20～40cm，南框的高度要适度，过高遮光，影响增温，过低则影响作物生长。畦面下宽1.66m，上宽1.82m，畦长6～10m，也可以做成它的倍数，形成联畦。

③ 透明覆盖物。即在畦面上覆盖的玻璃或塑料薄膜，早期多使用玻璃，将玻璃切割成长方块，架在木框上，再把玻璃框紧密排列在畦框上；现多使用塑料薄膜，用竹竿或木条在畦面上做支架，覆盖塑料薄膜，然后四周用土压实，以此来增加畦内温度。

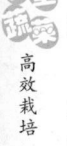

④ 不透明覆盖物。常用稻草苫或蒲草苫覆盖在透明覆盖物上，起到夜间保温或冬季防寒保温的作用。

（2）普通阳畦的性能 因为普通阳畦增加了土框和覆盖物，晴天可以吸收大量的热能，夜晚又可以减少散热，因此保温防寒能力较强。然而，畦内保温主要依靠太阳光，受季节和天气影响较大，此外畦内空间较小，也使畦内存在一定温差。

① 畦温受季节影响的变化。外界气温的变化间接影响畦内温度，另外其保温效果也受到覆盖物的影响（表2-3）。防寒保温效果较好的阳畦，内外温差为13.0～15.5℃；保温防寒较差的阳畦，冬季畦内温度最低可达-4℃；春季晴天畦内温度又可高达30℃。由此可见，畦内温度受季节影响变化较大，设置阳畦进行蔬菜生产，既要防止冻害，又要防止高温伤害。

表2-3 阳畦与露地温度的季节变化 （单位:℃）

月	旬	热盖阳畦				冷盖阳畦				露地	
		平均地表温		平均地中温		平均地表温		平均地中温		平均地表温	
		最高	最低	5cm	15cm	最高	最低	5cm	15cm	最高	最低
12	中	22.2	5.8	11.8	9.6	16.9	3.8	15.3	7.6	6.3	-5.1
	下	15.5	3.1	12.1	8.6	10.4	1.5	7.3	6.6	6.2	-10.0
1	上	18.2	3.5	11.6	7.4	8.4	-1.2	4.6	4.0	7.7	-12.5
	中	19.5	3.5	11.6	7.5	13.3	0.7	5.5	4.3	10.5	-12.8
	下	18.1	2.1	10.9	7.7	13.1	0.4	8.7	3.8	11.5	-12.3
2	上	21.7	2.7	13.9	9.7	21.4	2.6	10.2	6.6	18.0	-11.7
	中	19.5	0.7	9.1	7.3	21.0	0.7	10.6	6.2	13.8	-14.0
	下	20.2		7.0	6.0	23.5		10.3	6.3		-10.4
3	上	15.6	2.2	10.3	6.8	22.5	0.5	16.0	7.0	13.7	-12.4
	中	16.5	3.0	10.5	8.2	24.5	2.0	14.3	9.2	22.2	-7.0

② 畦温受天气影响的变化。畦温随一天当中温度的变化而变化，晴天温度高，阴雨天气温度低。

③ 畦内昼夜温、湿度变化。阳畦的保温效果来源于白天的日照，

照射过程中畦内空间和土壤大量储热，使畦内温度升高；夜间畦内保温主要来源于土壤中的储热，并不断向外界散热，因此畦内外存在昼夜温差，可达20℃。伴随着昼夜温度变化，畦内的空气湿度也存在变化，通常白天的湿度较低，夜间较高，畦内空气相对湿度差可达60%。

④ 畦内存在温差。由于一天中太阳光的方向变换，以及南框和东西框的遮阴，畦内各部分受光量分布不均匀，造成局部温差，通常畦内南半部和东西部温度较低，北部由于没有遮阴，温度较高。温度的不均衡会影响蔬菜作物的整齐度。

（3）普通阳畦的设置

① 设置时间。一般晚秋时节进行施工，常用含水量较大的湿土砌成，土壤封冻前完工，次年夏季拆除。

② 地点设置。选择地势高、土质好、利于灌溉的地块，四周无高大遮挡物。

③ 田间布局。按照东西方向延长为好，尽量做长排畦，以免畦间回流风现象严重，避免畦间遮阴现象产生。先在阳畦地块的四周建造东西长南北宽的围障，然后在每两排阳畦间设置腰障。阳畦场地的规划如图2-3所示。

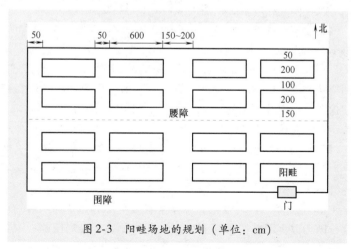

图2-3　阳畦场地的规划（单位：cm）

（4）普通阳畦的应用　主要用于冬季早春蔬菜和花卉的育苗，

还可用于耐寒蔬菜的越冬栽培和假植栽培。

2. 改良阳畦

改良阳畦是经普通阳畦改良而来的,又叫小暖窖、立壕子,比普通阳畦的采光性和保温性更好,由土墙、棚架、土屋顶、玻璃窗或塑料薄膜棚面、保温覆盖物等设施组成。

(1)改良阳畦的结构 改良阳畦按照屋面形状可分为一面坡式和拱圆式两种,其结构见图2-4。

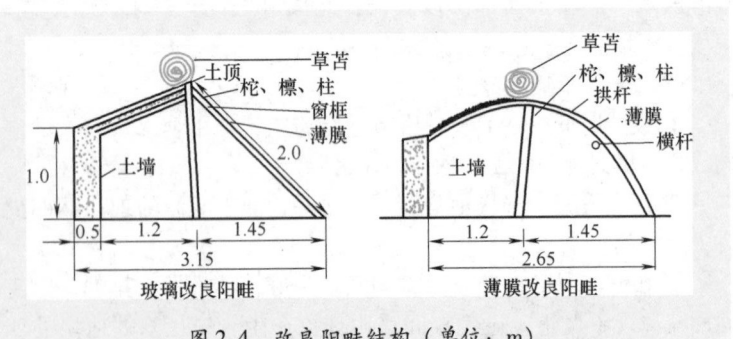

图2-4 改良阳畦结构(单位:m)

改良阳畦相当于日光温室的雏形,具备日光温室的结构,目前拱圆形改良阳畦比较常见,使用塑料薄膜进行覆盖。

改良阳畦的规格一般是:后墙高 0.9~1.0m、厚 0.4~0.5m,立柱高 1.5~1.7m,后屋顶宽 1.0~1.5m,前屋面宽 2.0~2.5m,畦面宽 2.7~3.0m,每 3~4m 长为一间,每间设一立柱,立柱上加柁,上铺两根檩,檩上放秫秸,抹泥,再放土,前屋面上用草帘覆盖进行夜间保温。一面坡式改良阳畦的前屋面与地面夹角为 40°~45°,拱圆式改良阳畦接地处夹角为 60°~70°。

(2)改良阳畦的性能 改良阳畦由普通阳畦发展而来,又兼具日光温室的结构,因此改良阳畦的性能要优于普通阳畦,而又不及日光温室。

① 畦温受季节影响变化。总体来看改良阳畦比普通阳畦的温度要高,因为改良阳畦的采光和保温性能均要优于普通阳畦。改良阳畦冬季畦内温度较高,持续低温时间较短(表2-4)。

表 2-4　改良阳畦气温的季节变化

节 气	气温/℃			高低气温持续时间/h			
	最高	最低	昼夜温差	<5℃	>10℃	>15℃	>20℃
小寒节前后	24.5	2.6	18～24	10.2	5.4	4.0	—
大寒节前后	21.8	2.3	16～26	10.6	6.9	4.7	
雨水节前后	29.8	3.9	17～31	5.7	8.6	5.7	
惊蛰节前后	25.7	5.5	14～27	1.0	8.6	5.4	
春分节前后	21.8	5.8	13～19	—	12.3	6.9	2.5
清明节前后	29.9	12.1	13～25		22.7	14.2	7.8

② 畦温的日变化。改良阳畦的保温性能在冬季表现明显，晴天，畦内温度上升快，中午达到峰值；夜晚，由于畦内空间大，储热多，保温防寒效果好，降温缓慢，清晨温度最低。总体来看，改良阳畦温度日变化小，昼夜温差小，即使是阴天温差也较小，保温性能要明显优于普通阳畦。

③ 畦内存在温差。同普通阳畦一样，改良阳畦也存在局部温差，但是温差较小，畦内植物生长空间温度变化平稳。白天南侧温度较高，夜晚北侧温度较高。

④ 畦内光照强度。无论是一面坡式改良阳畦，还是拱圆式改良阳畦，采光角度均较大，使阳光入射角度变小，因而光反射较少，增加畦内光照强度。

（3）改良阳畦的设置　改良阳畦的设置与普通阳畦基本相同，由于改良阳畦较高，因此应适当加大畦间距，通常为屋顶高度的 2.0～2.5 倍。在前屋面应设置通风口，以便在畦内温度较高时通风降温。

（4）改良阳畦的应用　因改良阳畦的保温防寒效果好，故其可用于耐寒蔬菜作物的越冬栽培，也可用于喜温果菜的秋季延后和春提早栽培，或者花卉和果树的育苗。

【提示】　由于改良阳畦的性价比较高，其普及率高于普通阳畦。

三　地膜

地膜在我国蔬菜棚室栽培上应用十分广泛，使用地膜覆盖在土壤表面是我国推广较为成功的栽培方式，截至2000年我国蔬菜地膜覆盖面积超过240万公顷，是我国发展高效农业的先进实用技术之一。地膜的种类较多，不同地膜的特性和使用效果各不相同（表2-5），目前，应用最广的是聚乙烯地膜。

表2-5　地膜的种类、特性与使用效果

种类	促进地温升高	抑制地温升高	防除杂草	保墒	防止病虫害发生	果实着色	耐候性
透明膜	优	无	无	优	弱	无	弱
黑膜	中	良	优	优	弱	无	良
除莠膜	优	无	优	优	弱	无	弱
着色膜	良	弱	良	优	弱	无	弱
黑白双色膜	良	弱	弱	优	弱	无	弱
有孔膜	良，弱	良	良	良	弱	无	弱
光分解膜	良	无	弱	弱	弱	无	无
银灰膜	无	优	优	优	良	良	无
PVC膜	优	无	无	优	弱	无	优
EVA膜	优	无	无	优	弱	无	良

1. 地膜的覆盖方式

（1）平畦覆盖　直接在栽培平畦上覆盖一层地膜，可以在出苗后去除，也可以在蔬菜作物整个生长期进行覆盖，平畦的畦宽为1.2～1.65m，通常为单畦覆盖，也可以多畦覆盖（图2-5）。平畦覆盖利于灌水，增温效果好；在蔬菜生长期中，灌水会使泥土聚集在地膜表面，影响作物采光，增温效果降低，因此应避免泥土聚集在地膜表面或及时清除。

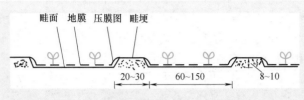

图 2-5　平畦地膜覆盖栽培横剖面示意图（单位：cm）

（2）高垄覆盖　菜田施肥平整后，起宽为 45～60cm、高为 10cm 的高垄，然后在垄面上覆盖地膜。每垄栽培 1～2 行蔬菜，如图 2-6 所示。高垄覆盖的保温效果要好于平畦覆盖。

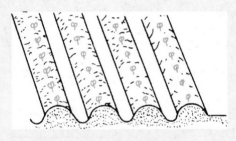

图 2-6　高垄覆盖

（3）高畦覆盖　与高垄覆盖相似，畦面较平整，根据畦面的宽度，可分为窄畦和宽畦，如图 2-7 所示。窄畦宽为 0.6～1.0m，宽畦宽为 1.2～1.65m，然后在畦上覆盖地膜。

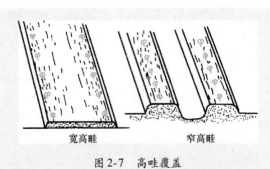

图 2-7　高畦覆盖

（4）沟畦覆盖 把栽培畦做成沟状，将蔬菜作物栽培或定植于沟内，然后进行地膜覆盖，待其长到即将接触到地膜时，在地膜上开孔，以便让幼苗正常生长，地膜落为地面覆盖。沟畦分窄沟畦、宽沟畦和朝阳沟畦三种形式，如图2-8所示。

【提示】 地膜落为地面覆盖能够提高畦内温度，具有小拱棚的作用，比高畦覆盖可早定植或早熟7天左右。

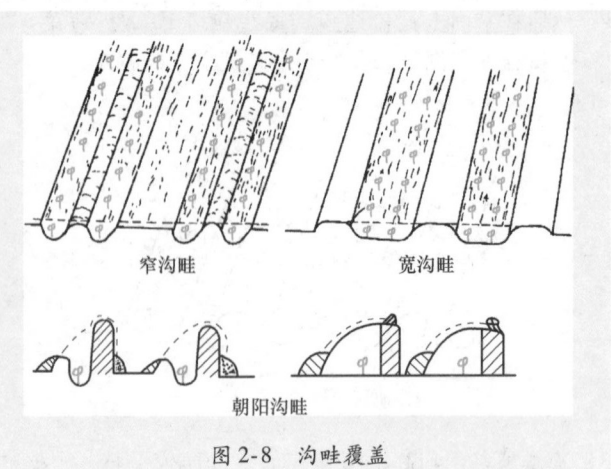

图2-8 沟畦覆盖

2. 地膜覆盖的效应

（1）提高土壤温度 覆盖地膜可以使畦内温度在白天迅速升高，并将热度不断向土壤中传递；夜间可减少土壤散热，使畦内温度高于露地。地膜覆盖也因时间不同增温幅度不同（表2-6）。

不同覆盖时期对畦内温度影响不同，春季，覆盖地膜可以使表面地温增加2~10℃；夏季，如无遮阴，畦内温度可高达50℃，如有遮阴，则只比露地高1~2℃。

不同覆盖形式对畦内温度影响也不同，高垄覆盖比平畦覆盖增温效果好，宽形高垄比窄形高垄增温效果好。

另外，东西延长的高垄比南北延长的增温效果好；晴天比阴天的增温效果好；无色透明地膜比有色地膜增温效果好。

表 2-6　地膜覆盖各时段对不同深度土壤温度的影响　（单位：℃）

时　间	项　目	土壤深度/cm					平均增温/℃
		0	5	10	15	20	
08：00	覆盖地膜	33.6	28.5	25.2	24.5	23.6	
	不覆盖膜	27.8	25.0	22.4	22.0	21.8	3.3
	增温值	5.8	3.5	2.8	2.5	1.8	
14：00	覆盖地膜	41.2	33.2	30.3	25.7	25.8	
	不覆盖膜	33.0	29.5	27.4	23.5	23.7	3.8
	增温值	8.2	3.7	2.9	2.2	2.1	
20：00	覆盖地膜	26.9	28.0	27.4	26.4	24.6	
	不覆盖膜	22.3	24.4	24.3	24.1	23.0	3.0
	增温值	4.6	3.6	3.1	2.3	1.6	

（2）**提高土壤保水能力**　地膜覆盖在畦上之后，畦内温度升高，土壤中水分蒸发成水蒸气上升，由于地膜的阻碍，水蒸气又回落到土壤中，减少水分蒸发，覆盖的土壤较不覆盖含水量提高 4%～6%。在灌溉过多或降雨量大的情况下，地膜覆盖还可起到防涝，降低土壤湿度的作用。

（3）**提高土壤养分含量**　地膜覆盖可减轻土壤表面因空气流动和雨淋造成的肥料流失；地膜覆盖加速土壤中微生物活动，加速有机物质的分解转化，提高土壤养分含量。

（4）**改善土壤理化性质**　地膜覆盖可以避免因人工踩踏和机械操作而造成的土壤板结，保持土壤松软，通气性良好，保证蔬菜作物的生长发育。

（5）**减轻盐碱危害**　由于地膜能抑制土壤水分流失，因而减轻土壤中盐碱含量，减少盐碱对蔬菜作物的危害。

（6）**降低空气相对湿度**　地膜能够减少土壤水分蒸发，起到降低空气湿度的作用。在蔬菜作物生长的小气候环境中，可以抑制或降低病害的发生。

（7）**防除杂草**　杂草滋生对蔬菜作物的生长发育有明显抑制作用，覆盖地膜可有效减少杂草的生长。将地膜覆盖严密，防杂草的效果显著，尤其带颜色的地膜覆盖效果更佳。有研究表明，黑色膜对杂草有全面的防止作用。

地膜覆盖除了以上七点效应外，对作物本身的生长发育也有很多积极影响，地膜可以促进种子发芽出土，加速营养生长；促进作物早熟；促进植株发育，提高产量；提高产品质量。

3. 地膜覆盖的技术要点

1）整地。要深翻细耙，打碎土块，保证土壤疏松细碎。

2）施肥。按照不同蔬菜作物对养分的需求进行施肥，撒施充足的肥料。

3）做畦。确定行距和畦式，畦面要平整。

4）覆膜。覆膜时，地膜要紧贴畦面，周围压土要紧实。

以上四步要一气呵成，以防止土壤水分和温度的散失。地膜的覆盖要有利于后期追肥和灌溉，采用膜下软管滴灌或微喷灌的畦面应稍宽并稍高；采用沟灌的畦面则应适当加大灌水沟。地膜应一直覆盖到作物拉秧，如遇高温或土壤干旱等特殊状况时，应及时揭开地膜，利用降雨确保产量。此外，及时清除土壤中残留的旧膜，防止影响下茬作物的栽种和生长。

4. 地膜覆盖的应用

地膜可以覆盖在露地和棚室土壤，也可以用作播种育苗，促进作物早熟栽培，提高地温，降低棚室内空气相对湿度。

四　温床

温床是利用人工加温设备来增加床内保温效果的，温床的结构是在阳畦的基础上发展而来的，利用温床进行蔬菜作物栽培可以满足提早育苗或抵御地温。

根据我国温床加温设施的不同，可以把温床分为：酿热温床、电热温床、火炕温床和太阳能温床等。

1. 酿热温床

在床底铺设酿热物，利用土壤中的微生物分解酿热物产生的热量来进行加温。

(1) 设置　温床的畦框结构和覆盖物与阳畦大体相同，温床填入酿热物的数量、厚度应根据其用途而定（图2-9）。填充前应先将温床床底挖成鱼脊形，这样可以使床内加温均匀。酿热物一般要分层填入，每填入一层，要稍微踩实并适量洒入热水。铺设厚度在30cm左右。填完酿热物后，将温床用玻璃窗或塑料薄膜密封，夜间加盖覆盖物进行保温。当温床温度为40～50℃时，将营养土铺入温床，厚度为10cm左右，踩实整平后灌溉，即可用于蔬菜作物的育苗或定植。

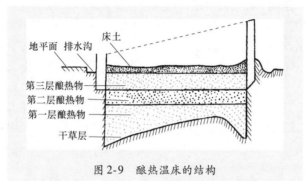

图 2-9 酿热温床的结构

（2）**酿热物** 填入温床内的酿热物根据其发热程度不同，可分为高酿热物和低酿热物。高酿热物主要有新鲜马粪、新鲜厩肥、各种饼肥等；低酿热物主要有牛粪、猪粪、作物秸秆等。低酿热物单独使用不易发热，可加入适量氮素化肥或与高酿热物混合使用。

（3）**性能** 酿热温床的性能受季节、天气及昼夜的温度变化影响与阳畦基本相同，酿热物的填充可以使温床温度升高和持久，消除了阳畦不同部位的温差。酿热温床的温度与内外温差、酿热物的厚度有关，还与床土厚度和导热性有关，床土越薄，导热性越好，床温也越高；此外沙土导热效果比黏土好，潮湿土比干土好。

酿热物的发热过程一般为在开始一段天数之中大量发热，而后进入平稳期，温度稳定在一定范围内，最后发热量减少，对温床影响不大，此时保温程度与阳畦相差无几。

（4）**应用** 酿热温床主要应用在早春蔬菜育苗，也可以应用于日光温室冬季育苗为提高温度而使用。酿热温床虽然易发热、操作简便，但是发热时间和热量有限，温度不易调节，对保证蔬菜作物在生长期的温度还有局限性，因此生产上对酿热温床的使用已逐渐减少。

2. 电热温床

利用温床内电热线把电能转化为热能从而给土壤加温的一种保温设备。具有升温快、地温高、温度均匀的特点，此外，还可以通过控温仪自动调节温床温度。

（1）结构 在阳畦、小拱棚和大棚等栽培床上做成育苗用的平畦，在育苗床内铺设电热线。一般床宽为 1.3～1.5m，床底深为 15～20cm。铺设电线之前，先在栽培畦上铺设一定厚度的麦糠、碎稻草等，阻止热量向下传导，而后在上面撒些床土，再进行电热线的铺设。按设计的线距进行铺线，铺线拐弯处，用短竹棍隔开，地上露出 5cm 左右，不能形成死角。线两头留在苗床同一侧，接上电源和控温仪。然后在电热线上面铺设床土，厚度为 10cm 左右，如图 2-10 所示。

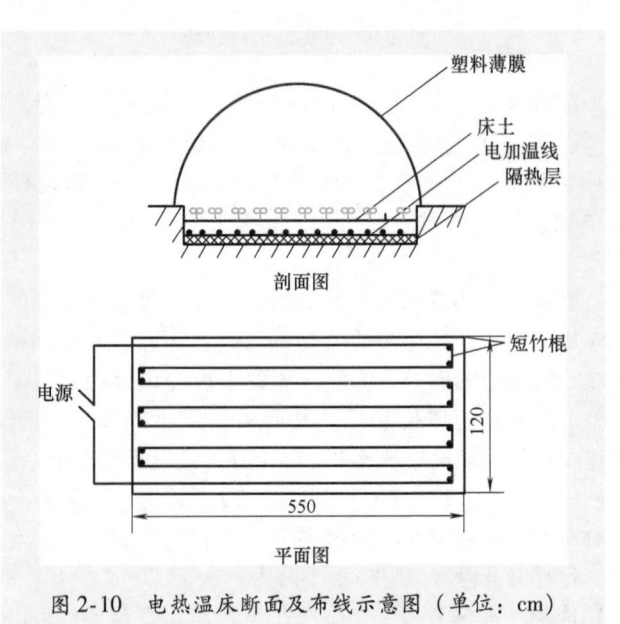

图 2-10 电热温床断面及布线示意图（单位：cm）

（2）布线 选择不同功率的电热线并确定铺设密度，应根据气候条件、蔬菜种类来进行。为了使苗床温度均匀，布线时苗床中间稍稀、两边稍密。电热线铺设时要全部埋入土壤中，然后确定布线道数和长度（表2-7、表2-8）。

布线道数（取偶数）= 苗床宽/线距

苗床长度 =（电热线长度 – 床宽）/布线道数

表2-7 电热温床功率密度选用参考值 （单位：W/m²）

设定地温/℃	基础地温/℃			
	9~11	12~14	15~16	17~18
18~19	110	95	80	—
20~21	120	105	90	80
22~23	130	115	100	90
24~25	140	125	110	100

表2-8 不同电热线规格和设定功率的平均布线间距 （单位：cm）

设定功率/（W/m²）	电热线规格			
	每条长 60m 400W	每条长 80m 600W	每条长 100m 800W	每条长 120m 1000W
70	9.5	10.7	11.4	11.9
80	8.3	9.4	10.0	10.4
90	7.4	8.3	8.9	9.3
100	6.7	7.5	8.0	8.3
110	6.1	6.8	7.3	7.6
120	5.6	6.3	6.7	6.9
130	5.1	5.8	6.2	6.4
140	4.8	5.4	5.7	6.0

将苗床底铺好隔热层，压少量细土，整平后即可布线。按照计算好的线距在床的两端距床边10cm处插上短竹棍，把电热线贴地面布好，电热线不能交叠、打结，电热线两端的导线接头从床同一侧伸出，以备连接电源和控温仪。然后铺好床土，务必使电热线与导线接头全部埋入土中。若铺设电热线为两根或两根以上时，必须并

联使用，总功率不超过2000W。

（3）控温仪的连接

① 人工控温。将电热线与电源通过开关直接连接，实现人工控制，低温时合闸，高温时断电保温。这种接法较难使温度保持在一定范围内，而且较费人力，生产上应用较少。

② 自动控温。连接控温仪，将控温仪安装于控制盒内，放于安全干燥处，感温探头插入苗床土层中，引线不超过100m，设定苗床所需温度，使用前注意调整零点（图2-11）。

五　遮阳网

遮阳网又叫遮阴网，是一种网状材料，可以通过调节网眼大小和疏密程度，使其具有不同的遮光、通风效果。遮阳网以聚乙烯、聚丙烯为原料，经加工拉成扁丝编织而成。具有质量轻、强度高、耐老化、柔软、便于铺卷等特点。

我国南方地区夏季温度较高，又常遇到暴雨大风天气，给蔬菜作物的生产带来极大考验，因此常使用遮阳网来避免这类灾害，遮阳网虽然一次性投入较高，但在一年中可以重复使用5次左右，可以连续使用5年，性价比较高，受到种植户的青睐。

1. 遮阳网的种类

遮阳网的种类较多，主要按遮光率、幅宽、网眼疏密程度、颜色等分类。生产上主要使用遮光率在35%～55%和45%～65%的遮阳网，幅宽为160～220cm，颜色多为黑色和银灰色，一些生产商以一个密区（25mm）中水平方向的扁丝根数对产品进行编号（表2-9），遮阳网的型号就是按此确定的，SZW-8表示1个密区有8根扁丝，SZW-16则表示1个密区有16根扁丝，数码越大，网孔越小，遮光率越大，遮光效果越好。

2. 遮阳网的性能

（1）减弱光强　当遮阳网的编织方式和疏密程度相同的情况下，不同颜色遮阳网的遮光率不同，遮光效果也有一定差异，以黑色网、绿色网和银灰色网为例，黑色网的遮光率最大，遮光效果最好；绿色网次之；银灰色网遮光率最小，遮光效果最差。遮阳网的遮阳效果在一天中中午最好，此时太阳高度角最大，透光率达到最低值。

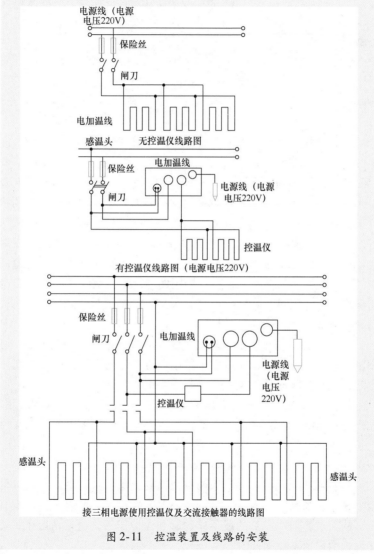

电源线（电源
电压220V)

保险丝

闸刀

电加温线

感温头　　无控温仪线路图

保险丝　　电加温线

闸刀　　　　　　　　　　　电源线（电源
电压220V)

控温仪

有控温仪线路图（电源电压220V)

保险丝

闸刀　　　　电加温线

电源线
（电源
电压
220V)

控温仪

感温头　　　　　　　　　　　　　　　　　　感温头

接三相电源使用控温仪及交流接触器的线路图

图 2-11　控温装置及线路的安装

表 2-9　遮阳网的规格与性能

型　　号	遮光率（%）	机械密度（经向含一个密区）/N	500mm 宽度机械密度（纬向含一个密区）/N
SZW-8	20～25	≥250	≥250
SZW-10	25～45	≥250	≥300
SZW-12	35～55	≥250	≥350
SZW-14	45～65	≥250	≥450
SZW-16	55～75	≥250	≥500

（2）降低温度　遮阳网能显著降低蔬菜作物根际附近温度，能降低地表上下 20～30cm 的温度。通常情况下，地面温度可以降低 4～12℃，地上 30cm 气温可以降低 1℃，地下 5cm 地温可以下降 6～10℃。天气状况能直接影响遮阳网的降温效果，在夏季晴天的状况下，外界温度高达 35℃以上，地表温度可以高达 48.6℃，遮阳网可以有效降低 8～13℃，其中遮光率在 65%～70% 的黑色遮阳网效果最佳；当外界温度为 25～30℃，地表平均温度为 34.1℃，这时遮阳网的遮阳效果明显降低。在有遮阳网的情况下，蔬菜作物根底温度明显降低，叶温同时降低，有利于作物的生理代谢，促进作物生长发育（表 2-10）。

（3）减少作物蒸散量　遮阳网覆盖可以减少田间的蒸散量，遮阳网的遮光率越大，地面蒸散量越小，通常情况下，大棚覆盖遮阳网时，地面蒸散量要比露地减少 1/3～1/4。

（4）减少雨水冲击　遮阳网具有减少雨水对地表冲击的作用。在雨季，强降水会对作物地表造成一定损伤，影响蔬菜作物的正常生长。遮阳网的编织具有一定密度，可以在一定程度上阻挡雨滴，减缓或减少雨水对地表的冲击，起到保护的作用。

（5）减少大风袭击　遮阳网的通风要比塑料大棚好，对气流的阻力较小。当遮阳网固定时，不易被大风吹毁，又可以阻挡一定气流，从而对遮阳网内部的蔬菜作物起到保护作用，通常情况下，遮阳网内的风速不到网外的 1/3。

（6）保温效应　遮阳网可以对内部的蔬菜作物起到一定的保温

作用，尤其是夜间和春秋季，网内可以比露地气温高 1～2.8℃。与此同时，遮阳网又可以防止霜冻，因为网内光照弱，温度回升缓慢，可以缓解冻融过程，抑制植株因组织脱水而坏死，减轻霜冻危害。

表 2-10　室外不同最高气温下遮阳网的地面降温幅度

最高气温/℃	网　　型	平均降温值/℃	最大降温值/℃	最小降温值/℃
	灰 10	8.2	13.4	3.0
	灰 12	8.7	13.9	3.4
35.1～38.0	黑 8	11.3	16.4	6.2
	黑 10	12.2	17.4	7.0
	黑 12	12.9	18.2	7.6
	灰 8	2.8	4.8	0.8
	灰 10	3.4	6.1	0.7
30.1～35.0	灰 12	3.8	6.4	1.2
	黑 8	4.6	7.1	2.1
	黑 12	5.6	8.9	1.2
	灰 8	3.1	6.9	0.7
	灰 10	3.2	6.4	0.0
25.0～30.0	灰 12	3.6	6.9	0.3
	黑 8	4.8	8.4	0.7
	黑 12	4.7	8.9	1.0

（7）**防病虫害**　遮阳网可以防止蔬菜作物遭受病虫害。露地蔬菜在生长发育过程中，不可避免地会遭受病虫害的侵袭，使作物遭受损害，造成一定经济损失。而遮阳网对防止病虫害具有一定的效果，使作物免受病虫害的侵袭，保证蔬菜作物的产量。

3. 遮阳网的应用

总体来看，遮阳网可以增加蔬菜作物的经济效益，提高夏季蔬菜幼苗成活率 20%～80%，提高菜苗的综合指数 30%～50%，一般可以增产 20%；此外，还可以延长我国南方蔬菜的收获期 30～50 天，还可以使一些蔬菜作物，如花椰菜、甘蓝、大白菜、茼蒿等提前近

1个月上市。

遮阳网具有体量轻、柔软、便于铺卷的特点，占用空间小，便于储藏和运输。这样覆盖的栽培方式一般有温室遮阳覆盖，如内遮阳和外遮阳；塑料大棚遮阳覆盖；中小拱棚遮阳覆盖；小平棚遮阳覆盖和遮阳浮面覆盖等方式。

在选择遮阳网时，要根据当地的采光条件和栽培的管理方法进行选择，避免因选择不当而产生遮阳网的负面效应。通常情况下，十字花科蔬菜全天覆盖栽培时，不宜选用遮光率大于40%的遮阳网。在夏季高温的气候条件下，温度高于35℃时，宜选择遮光效果好的遮阳网，如遮光率在65%~70%的黑色遮阳网；当夏季温度在30~35℃时，宜选择遮光率在45%~55%的黑色遮阳网；当夏季温度在30℃以下时，在中午前后太阳高照时应注意使用遮阳网，早晚可不必使用；在冷夏阴雨天时，不必使用遮阳网。

在生产实践上，遮阳覆盖栽培夏白菜在商品外观和产量上要好于露地，但是营养物质含量，如干物质重、蛋白质、维生素C等含量明显不如露地，其中亚硝酸盐的积累多于露地。为了缓解这一问题，改善商品品质，提高蔬菜作物的光合作用，应在采收前7天左右撤掉遮阳网。

第二节 塑料棚

塑料棚是指将塑料薄膜覆盖在拱形支架上而形成的设施栽培空间，根据塑料棚的结构形式和占地面积，可将其分为塑料大棚、塑料中棚、塑料小拱棚等。

一 塑料大棚

塑料大棚是用塑料薄膜覆盖的一种大型保护地栽培设施，通常不用砖石结构维护，只用竹、木、水泥或者钢材等杆材作为骨架。与温室相比，它具有结构简单，建造和拆装方便，一次性投资较少等优点；与中小棚相比，具有坚固耐用、使用寿命长、棚内空间大、栽培方便、有利于蔬菜作物生长、便于小环境调控等优点。

1. 塑料大棚的类型

目前在我国设施蔬菜生产上，塑料大棚的分类有许多种。按棚顶形状可以分为拱圆形和屋脊形，我国大多使用拱圆形塑料大棚；按骨架材料可以分为竹木结构、钢架混凝土柱结构、钢架结构、钢竹混合结构等类型；按连接方式可分为单栋塑料大棚、双连栋塑料大棚和多连栋塑料大棚，如图 2-12 所示。

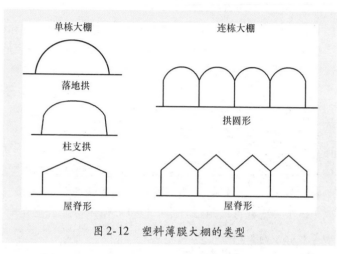

图 2-12　塑料薄膜大棚的类型

2. 塑料大棚的构造

塑料大棚的构造主要分为骨架和棚膜，骨架由立柱、拱杆、拉杆、压杆等部件组成，俗称"三杆一柱"，如图 2-13 所示；此外，在塑料大棚的一端或两端设立棚门，便于出入。

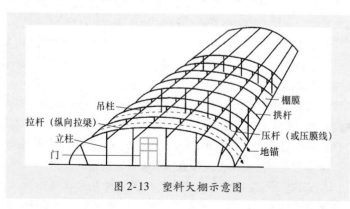

图 2-13　塑料大棚示意图

（1）立柱 塑料大棚的重要支柱，负担着承重的作用，如棚架、棚膜的重量以及雨雪负荷和风压。纵横成直线排列。可以采用竹竿、木柱、钢筋水泥混凝土柱等做立柱。立柱基部设柱脚石，以防止大棚下沉或被大风掀起，埋置深度应在50cm左右。立柱以中间最高，向两侧逐渐降低，形成自然拱形。

（2）拱杆 也叫拱架，用来支撑棚膜，决定大棚的形状和空间构成，是塑料大棚的骨架。拱杆横向固定在立柱上，两端插入地下，呈自然拱形，拱杆间的距离为1～1.2m。由竹或钢材等材料连接而成。

（3）拉杆 也叫纵梁，将拱杆和立柱进行连接、固定压杆，使大棚骨架形成一个整体。用较粗的竹竿、木杆或钢材作为拉杆，距立柱顶端30～40cm，紧密固定在立柱上，拉杆长度与棚体长度一致。

（4）压杆 也叫压膜线，位于棚膜上两拱架之间，起压平、压实和绷紧棚膜的作用。杆的两端用铁丝与地锚相连，固定后埋入大棚两侧土壤中。压杆可以用细竹竿，也可以使用铅丝或尼龙绳，目前市场上有专用的塑料压膜线代替压杆。压膜线为扁平状厚塑料带，约1cm宽，带边内镶有细金属丝或尼龙丝，柔韧坚固，使用寿命长，不易损坏棚膜，易于压平绷紧。

（5）棚膜 是指覆盖在棚架上的塑料薄膜。可以采用0.1～0.12mm厚的聚氯乙烯（PVC）或聚乙烯（PE）薄膜以及0.08～0.1mm厚的乙烯-醋酸乙烯（EVA）薄膜。这些薄膜均是专用于覆盖大棚的棚膜，与非棚膜具有一定区别，实际生产上还使用无滴膜、长寿膜、耐低温防老化膜等多功能膜作为覆盖材料。当薄膜宽幅不足时，可将棚膜相互搭接在一起，便于放风，搭接处宽度大于30cm，搭接位置一般设在棚顶部及两侧距地面1～1.2m处。如果大棚跨度小于10m，顶部可不必设通风口；如果大棚跨度大于10m，很难依靠侧风口对流通风，则需在棚顶设通风口。

（6）门 在塑料大棚的两侧应设置供人出入的门，门的大小要适当，应考虑实际需要，还应考虑不影响保温效果。

（7）天沟 天沟主要用于双连栋塑料大棚和多连栋塑料大棚，在大棚连接处用水泥或薄膜制成落水槽，用于排水，尤其是在雨雪天气更为重要。

3. 塑料大棚的结构形式

（1）竹木结构塑料大棚　这种大棚是我国塑料大棚最基本的结构形式，目前在我国仍广泛使用。这类塑料大棚的跨度一般为8~12m，长度为40~60m，中脊高2.4~2.6m，两侧肩高1.1~1.3m。四排立柱，横向间距为2~3m，柱顶部用竹竿连成拱架；纵向间距为1~1.2m。

竹木结构塑料大棚取材方便，造价低，较易建造。但是这类大棚棚内采光较差，棚内立柱较多，人工操作不便，且竹木结构使用时间有限，长时间易腐朽，抵抗不良天气条件如雨雪天气的能力较差。为了增加棚内采光，减少立柱数量，可改建悬梁吊柱式竹木结构大棚，在拉杆上安置小吊柱。小吊柱长20cm，粗4cm，木杆，两端有孔，用细铁丝固定，下端固定在拉杆上，上端支撑拱杆（见图2-14）。悬梁吊柱竹木结构大棚不但通过减少立柱数量增加棚内采光，而且具有较强的抗风载雪的能力，且造价较低。

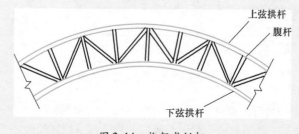

上弦拱杆

腹杆

下弦拱杆

图2-14　桁架式拱杆

（2）钢架结构塑料大棚　钢架结构塑料大棚骨架是由钢筋或钢管焊接成的，这种大棚坚固耐用，一般可以使用10年以上，棚内无柱或少柱，空间大，采光较好，抗风雪力强，有利于蔬菜作物生长发育和栽培人员管理。但这种大棚的造价较高，一次性投入较大，应用钢材量大，每个大棚（约1亩）用钢材3~4吨。

① 拱架。用钢筋焊成的弦形平面桁架，桁架由上弦杆、下弦杆及连接上下弦的腹杆（拉花）焊接而成。上弦杆用直径14~16mm的钢筋，下弦杆用直径12~14mm的钢筋，腹杆用8~10mm的钢筋

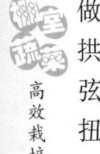

做链接，如图2-14所示。上下弦之间的距离由最高点最大，到两个拱脚处逐渐缩小，最大的距离为25~30cm，最小为15cm左右，上下弦之间焊成直角形的拉杆。当大棚跨度较大时，平面拱架容易发生扭曲变形，这时需要在大棚的棚端和大棚中间，每隔5~6m配置一个三角形拱架，以提高大棚牢固性。

② 拉杆。用上弦直径为8mm，下弦为6mm的钢筋焊接而成，上下弦距离为20cm。拉杆焊接在每个拱架上，使棚架连成一体。

③ 地基。用来固定拱架。用水泥灌制成高30cm，上端15cm×15cm，下端25cm×25cm的水泥预制件，其上留出钢筋（图2-15），用来与棚架进行焊接。

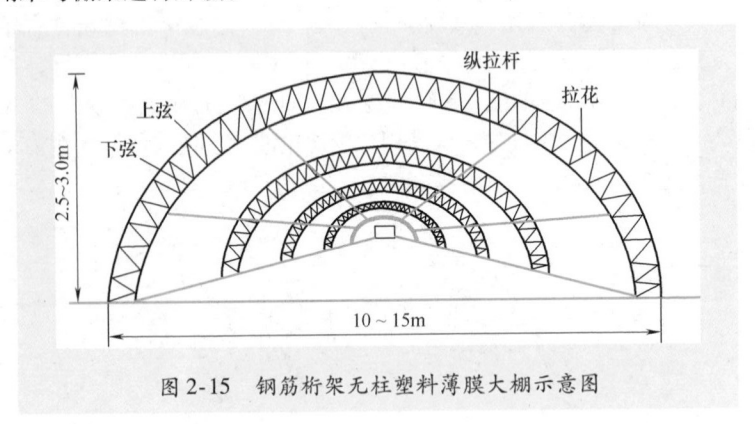

图2-15 钢筋桁架无柱塑料薄膜大棚示意图

（3）钢竹混合型结构塑料大棚 这种大棚每隔3m设置一个平面钢筋拱架，用钢筋或钢管作为纵向拉杆，每个拉杆的间隔为2m左右，将平面钢筋拱架连接在一起。然后，在纵向拉杆上每隔1~1.2m焊接一短立柱，在短立柱顶上架设竹制拱杆，与钢拱架相间排列。

这类大棚的用钢量较少，棚内无柱，具有低造价，作业空间大，采光好等特点，是一种性价比较高的塑料大棚。

（4）钢管装配式塑料大棚 这类塑料大棚多是采用热浸镀锌的薄壁钢管为骨架建造成的。具有重量轻、强度好、耐锈蚀、易于安装拆卸、中间无柱、采光好、作业方便等特点。这类大棚造价较高，在经济条件允许的地区可以推广使用。

这类大棚的跨度一般为6~8m，高2.5~3m，长30~50m。用管径25mm，管壁厚1.2~1.5mm的薄壁钢管制作成拱杆、拉杆和立杆。用卡具、套管连接棚杆组装成棚体，覆盖棚膜用卡膜槽固定。这类大棚属于国家统一定型产品，规格统一，安装盖膜方便，见图2-16和表2-11。

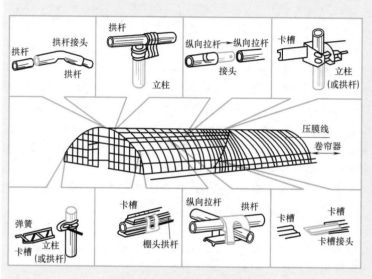

图 2-16　钢管装配式塑料大棚

表 2-11　GP、PGP 系列装配式钢管大棚主要技术参数

型号	宽度/m	高度/m	长度/m	肩高/m	拱间距/m	拱架管径/mm
GP-C2.525	2.5	2	10.6	1	0.65	φ25×1.2
GP-C425	4	2.1	20	1.2	0.65	φ25×1.2
GP-C525	5	2.2	32.5	1	0.65	φ25×1.2
GP-C625	6	2.5	30	1.2	0.65	φ25×1.2
GP-C7.525	7.5	2.6	44.4	1	0.6	φ25×1.2
GP-C825	8	2.8	42	1.3	0.55	φ25×1.2
GP-C1025	10	3	51	0.8	0.5	φ25×1.2

第二章
蔬菜栽培设施及应用

型号	宽度/m	高度/m	长度/m	肩高/m	拱间距/m	拱架管径/mm
PGP5.0-1	5	2.1	30	1.2	0.5	φ25×1.2
PGP5.5-1	5.5	2.5	30~60	1.5	0.5	φ25×1.2
PGP7.0-1	7	2.7	50	1.4	0.5	φ25×1.2
PGP8.0-1	8	2.8	42	1.3	0.5	φ25×1.2

4. 塑料大棚的性能

（1）塑料大棚的温度

1）气温。塑料大棚内的温度要比外界温度高，塑料大棚是一个半封闭的空间，在晴好天气条件下，受日照照射，地面受到辐射后由于受到棚膜覆盖的影响，棚内温度迅速升高，即使在夜间棚内温度也要比外界温度高，这就是"温室效应"。棚内温度随外界温度和光照而存在日变化和季节性变化。

① 温度日变化。塑料大棚内的日变化要比外界显著，晴天温差大，阴天温差小，以北京地区为例，3月晴天昼夜温差可达36℃，阴天为15℃，如图2-17所示。一般情况下晴天温差在30~35℃，阴天可达15℃。晴天时最低气温出现在日出之前，日出后1~2h后，棚内温度迅速上升，平均每小时上升5~8℃。

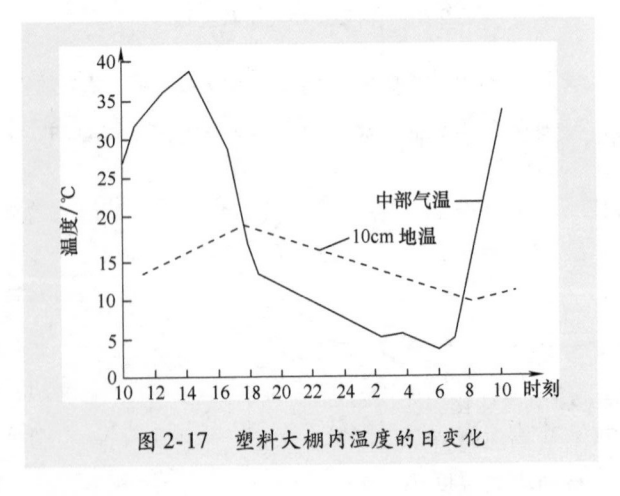

图2-17　塑料大棚内温度的日变化

午后 12：00 ~ 13：00 出现最高温。气温在 15：00 之后开始下降，平均每小时下降5℃左右。白天温度变化大，夜间温度变化小，平均每小时降温1℃左右。在早春低温时期，棚内增温幅度不大，一般只有 2~6℃；在回暖期，棚内增温幅度较大，最高可达 20℃，说明棚内仍有低温冻害和高温危害的风险。

【提示】 夜间由于棚内热量大量向外散失，造成棚内温度稍稍低于外界温度的现象，称为"逆温现象"。

② 温度季节性变化。和露地一样，棚内温度也有季节性变化。一年中，除了6月棚内温度要比外界温度低，其余11个月棚内温度都要比外界温度高，如图 2-18 所示，因此，塑料大棚主要进行蔬菜作物春提前和秋延后栽培。

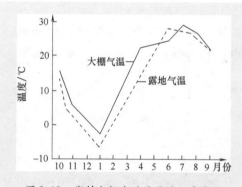

图 2-18 塑料大棚内的月平均温度变化

以北京为例（表2-12），该地区有保温覆盖、无保温覆盖和露地三种情况的季节划分，可以看出，有保温覆盖的塑料大棚夏季时间长，温度升高时期早；冬季时间明显缩短，且冬季时期延后。因此有保温覆盖的塑料大棚能够较好地进行蔬菜作物的栽培，利于其生长发育，提高经济效益。

③ 棚内温度变化。棚内空间较大，各部位受到外界环境影响程度不同，造成局部温差。通常情况下，白天棚内中部温度较高，北部偏低；夜间南北温度偏低，中部偏高；进行蔬菜作物栽培时，棚

内上层温度偏高，塑料大棚内不同位点的温度分布，见表 2-13。

表 2-12　北京地区塑料大棚和露地的季节划分

类　别	项　目	春　季	夏　季	秋　季	冬　季
有保温覆盖塑料大棚	起止日期	2 月 26 日~4 月 20 日	4 月 21 日~10 月 10 日	10 月 11 日~11 月 30 日	12 月 1 日~第一年 2 月 25 日
	总天数/天	54	173	51	87
无保温覆盖塑料大棚	起止日期	3 月 26 日~5 月 25 日	5 月 26 日~9 月 5 日	9 月 6 日~11 月 10 日	11 月 11 日~第一年 3 月 25 日
	总天数/天	61	103	66	135
露地	起止日期	4 月 6 日~5 月 25 日	5 月 26 日~9 月 5 日	9 月 6 日~10 月 25 日	10 月 26 日~第二年 4 月 5 日
	总天数/天	50	103	50	162

表 2-13　塑料大棚内不同位点的温度分布

棚高/m	大棚位点	时间	棚内温度/℃					
0.7~11.5	北	白天	26.7	26.3	25.4	25.4	26.4	27.4
		夜间	10.8	11.7	12.0	12.3	11.8	11.2
		日平均	18.8	19.0	18.8	18.8	19.1	19.3
11.5~11.9	中	白天	26.5	27.9	27.8	28.1	26.9	27.3
		夜间	11.4	13.3	13.3	13.1	13.0	11.3
		日平均	19.0	20.6	20.6	20.6	20.0	19.3
11.9~0.7	南	白天	28.1	30.3	29.2	29.8	30.0	28.9
		夜间	11.1	12.0	12.7	12.4	12.0	10.4
		日平均	19.6	21.2	21.0	21.1	21.2	19.7

　　2）地温。塑料大棚内的地温也如棚内温度一样，具有日变化和季节性变化。整体来看地温较平稳，温度变化幅度较小，且变化时间在气温之后。

　　① 地温日变化。晴天地温在 14：00 达到最大值，15：00 之后温度开始下降。随土层深度的增加，地温的日变化逐渐缩小。地温

日变化还受到天气条件的影响，晴天地温变化幅度大，阴天变化幅度小。棚内地温分布也有区别，一般情况下，棚内周边的地温低于中部地温。

② 地温季节性变化。棚内地温在 4 月的增温效果最好，可比露地高 3～10℃；夏秋季受到蔬菜作物遮光的影响，棚内外地温基本相等；冬季棚内地温略高于露地 2～3℃。10 月土壤增温效果开始减小，仍可维持 10～20℃的地温，11 月棚内浅层地温一般维持在 3～5℃，1 月～2 月中旬是棚内土壤的冻结时期，地温最低可达 –7℃（图 2-19）。

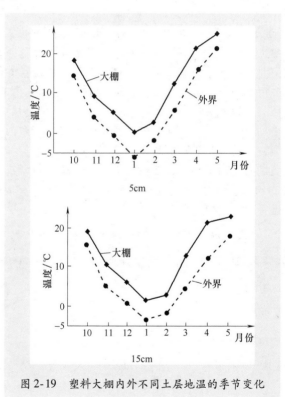

图 2-19　塑料大棚内外不同土层地温的季节变化

（2）塑料大棚的光照　塑料大棚的采光面积大，因此棚内光质、光照强度及光照时数基本上能满足蔬菜作物生长发育的需要。棚内

光照受到季节、天气、昼夜变化、覆盖方式、薄膜透光率、大棚方位和结构等影响而有很大差异。

① 光照季节性变化。南北延长东西走向的塑料大棚，进入春季后，光照不断加强，透光率也不断提高。

② 光照分布。棚内光照分布存在垂直差别和水平差别。垂直光照差别为：高处照度强，下部照度弱，棚架越高，下层的光照强度越弱。棚内水平照度差异不明显，南北延长的塑料大棚东侧照度为29.1%，中部为28%，西侧为29%，光差仅为1%；东西延长的塑料大棚，南侧为50%，北侧为31%，不如南北延长的塑料大棚光照分布均匀。

③ 大棚方位和结构的影响。塑料大棚的方位不同，太阳直射光线的入射角也不同，因此透光率不同，一般情况下，东西延长的塑料大棚比南北延长的塑料大棚透光率高，但是南北延长的塑料大棚光照分布要更加均匀。南北延长的塑料大棚尽管上午东侧的光照强，西侧的光照弱，而下午西侧光照强，东侧光照弱，但是从一天来看，各部位的平均透光率差异不大。东西延长的塑料大棚东西两侧透光率差异不大，但是南北部相差20%。

塑料大棚的结构不同，骨架粗细不同，形成的阴影遮光程度也不同（表2-14）。从增加棚内光照的角度来看，应采用坚固耐用且较细的材料做骨架，减少遮光。

表2-14　不同结构单栋塑料大棚的受光量

大 棚 类 型	光照度/lx	透光率（%）
钢材结构	76700	72.0
硬塑结构	76500	71.9
竹木结构	66500	62.5
露地对照	106400	100.0

④ 透明覆盖材料的影响。目前生产上常用的薄膜有聚氯乙烯、聚乙烯、醋酸乙烯等，崭新使用或干燥清洁时使用的薄膜透光率均能达到90%以上，由于不同材料的薄膜耐老化性、无滴性、防尘性

不同，导致使用后透光率大不相同，尤其聚氯乙烯在使用后透光率下降幅度较大。塑料薄膜老化可以使透光率降低20%~40%；塑料薄膜污染可以降低15%~20%；水滴附着可以降低20%；太阳光的反射可以损失10%~20%，因此使用后的塑料薄膜透光率一般仅有50%。

（3）**塑料大棚的湿度**　棚内环境基本上是相对密闭的，因此棚内水分蒸发并不能及时散发到外界空间，而是滞留在棚内空间，造成棚内湿度上升。白天不通风的情况下，棚内湿度可达90%，夜间湿度可以达到饱和，这时可以通过提高棚内温度使湿度下降。一般情况下，棚温升高，相对湿度降低；晴天、风天的相对湿度较低。大棚湿度存在日变化和季节性变化，日变化的规律表现为，日出前湿度几乎达到饱和，12：00左右达到最低值，随后下降，夜间仍可达到饱和；季节性变化表现为，早春和晚秋棚内湿度最大，夏季最小（表2-15）。棚内通风换气可以降低湿度。棚内湿度过高能诱发蔬菜作物病害，因此必须控制湿度。

表 2-15　塑料大棚内外的空气湿度日变化

项目	场所	时刻												日平均
		2	4	6	8	10	12	14	16	18	20	22	24	
绝对湿度/ （g/m³）	露地	4.5	4.3	4.3	2.7	2.0	1.6	3.7	2.6	5.7	4.7	4.7	4.5	3.8
	大棚	8.2	7.5	6.7	8.8	18.5	22.3	19.8	19.0	13.7	11.1	10.5	8.8	12.9
相对湿度 （%）	露地	87	100	100	41	15	10	27	19	55	66	71	77	55.7
	大棚	99	100	94	99	89	71	90	94	95	96	100	96	93.7

（4）**塑料大棚的气体**　由于塑料大棚属于半封闭的环境，棚内的气体组成与外界有一定差异，主要表现在二氧化碳（CO_2）含量变化和有害气体积累。

① 二氧化碳含量变化。封闭条件下的二氧化碳含量较低，如果不进行通风换气或增施二氧化碳，会抑制作物的光合作用，影响作物的生长发育。此外棚内二氧化碳含量也存在日变化，白天含量较低，夜间含量相对较高，因此塑料大棚应在白天进行一定的通风或增施二氧化碳。

② 有害气体。由于塑料大棚是半封闭的环境，如果施肥不当或应用的农用塑料制品不合格，就会积累有害气体。大棚中常见的主要有害气体有氨气、二氧化氮、乙烯、氯气等，其中，氨气和二氧化氮产生的原因主要是一次性施用大量的有机肥、铵态氮肥或尿素，尤其是在土壤表面施用大量的未腐熟有机肥或尿素。乙烯和氯气主要是从不合格的农用塑料制品中挥发出来的。实际上，在露地栽培中，有机肥和铵态氮肥施用过多，同样会产生氨气和二氧化氮，但由于露地气体流动性大，使有害气体消散在大气中，因此不会对作物造成危害。

5. 塑料大棚的应用

塑料大棚的应用非常广泛，我国园艺作物很多都是在塑料大棚中进行生产栽培的。

（1）蔬菜育苗 早春时节，可用于果菜类蔬菜育苗，在塑料大棚内设多层覆盖以起到保温的作用，如保温幕、小拱棚、加温床等。

（2）蔬菜栽培 主要有蔬菜春季早熟栽培、秋季延后栽培和春到秋长季节栽培。春季早熟栽培利用塑料大棚进行果菜的提早定植，可比露地提前上市 20～40 天；秋季延后栽培也可以利用塑料大棚降温慢的特点，使果菜采收期延后 20～30 天，延长上市时间；春到秋长季节栽培利用大棚春季升温早，秋季降温晚的特点，延长果菜类蔬菜（主要为茄果类蔬菜）的栽培期，采收期可延长至 9 月末。

二 塑料小拱棚

塑料小拱棚在我国应用面积广泛，以栽培蔬菜作物为主，一般跨度为 1.5～3m，高 1m 左右，单棚面积 15～45m^2。拱架主要用细竹竿、毛竹片、树条、直径 8mm 的钢筋等轻型材料制成，将其弯成拱形。塑料小拱棚结构简单、体形小、负载轻、取材方便、易于建造、投资少、见效快。

1. 塑料小拱棚的类型和结构

小拱棚的几种覆盖类型，如图 2-20 所示。

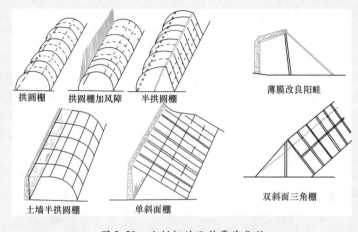

图 2-20 小拱棚的几种覆盖类型

（1）**拱圆小棚** 拱圆小棚在我国北方广泛应用。东西延长小棚，可在北侧架设风障，形成风障拱棚，棚架高1m左右，宽1.5~2.5m，用细竹竿按照棚的宽度将两头插入地下形成圆拱形，拱杆间距为30cm左右，插完拱杆后，再绑3~4道横拉杆，使之成为一个坚固的整体，上面覆盖0.03~0.08mm厚聚氯乙烯或聚乙烯薄膜，然后在薄膜外侧用压杆或压膜线等固定薄膜，在棚顶中央处留一条放风口。小拱棚的长度可依实际需要而定。

（2）**半拱圆小棚** 棚架形式为拱圆小棚的一半，东西延长，北面建起1m高的土墙，南面为半拱面的棚面。棚架高度1.1~1.3m，宽2~2.5m，通常棚内没有立柱，如果宽度较大，可在中间加设1~2排立柱起到支撑棚面的作用。放风口设在棚的南面腰部。

（3）**单斜面小棚** 在我国多雨地区常采用单斜面小棚，这种小棚的棚面呈三角形，中间设一排立柱，柱顶上拉紧一道8号铁丝，两侧用竹竿斜立绑成三角形，棚高1~1.2m，宽1.5~2m。也可以在棚的四周筑起高30cm左右的畦框，在畦上立棚架，覆盖薄膜，不覆盖草苫。东西延长或南北延长建造单斜面小棚均可。

（4）**双斜面小棚** 和单斜面小棚相似，多在我国南方多雨地区应用，棚面也呈三角形，双面采光，屋面架设方式与单斜面小棚相

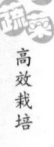

似，棚宽2m、高1.5m，可以在平地覆盖也可以做成畦框后再进行双面覆盖。东西延长或南北延长建造双斜面小棚均可。

2. 塑料小拱棚的性能

（1）温度

① 气温。小拱棚棚内温度主要依靠太阳光的热能，因此棚内温度具有日变化和季节性变化，从日变化看，小拱棚棚内温度日变化与外界基本相同，昼夜温差较露地大；从季节变化看，冬季小拱棚棚内温度最低，春季逐渐升高。同时，棚内温度还受薄膜特性、拱棚类型及覆盖材料的影响。棚内气温变化规律与大棚相似，由于小棚内部空间小，自身调节能力有限，没有覆盖物的情况下，棚内温度变化明显，最大增温能力可达20℃，在高温季节容易造成高温危害，阴雨雪天保温效果差（表2-16）。

表2-16 拱圆形小拱棚内外气温比较　　（单位：℃）

日　　期	最　　高					最　　低				
	棚内平均	棚外平均	内外相差	棚外极值	棚内极值	棚内平均	棚外平均	内外相差	棚外极值	棚内极值
1月11~30日	16.2	0.9	15.3	5.7	27.1	3.5	-8.7	12.2	-18.1	-0.2
2月	22.7	2.0	20.7	9.5	30.5	4.6	-6.3	10.9	-13.0	1.3
3月	29.7	12.5	17.2	21.8	46.0	8.9	0.7	8.2	-3.5	0.0
4月	32.2	20.9	11.3	27.8	44.5	14.4	8.4	6.0	-0.6	9.8
5月1~7日	29.0	23.7	5.3	26.9	36.6	12.4	11.0	1.4	6.5	8.8

② 地温。小拱棚内地温变化与气温变化相似，但没有气温变化剧烈。从日变化上看，白天土壤是吸热增温，夜间是放热降温，晴天大于阴雨雪天，土壤表层大于深层，一般棚内地温高于露地5~6℃。从季节变化上看，冬季地温最低，3月地温开始上升，秋季地温有时会高于棚内气温。

（2）湿度 小拱棚内湿度变化大体和塑料大棚相同。棚内相对密闭，容易在棚内空间出现高湿现象。一般白天棚内湿度可达70%，甚至100%，通风条件下棚内湿度与外界基本持平。棚内温度变化可以影响湿度，棚内温度高，湿度相对低；白天湿度低，夜间湿度高；

晴天湿度低，阴天湿度高，如图2-21所示。

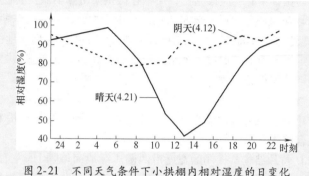

图2-21 不同天气条件下小拱棚内相对湿度的日变化

（3）光照 小拱棚的采光效果受到覆盖薄膜的种类、新旧程度、有无水滴以及棚内结构的影响，不同部位的光亮分布也不同，这点与塑料大棚基本一致，小拱棚南北的透光率相差7%左右。

3. 塑料小拱棚的应用

小拱棚在蔬菜作物的生产上应用比较广泛，可以进行耐寒叶菜的春提早、秋延后栽培，冬季可以进行耐寒蔬菜的越冬；还可以利用小拱棚进行春季提早育苗和定植，主要用于栽培果菜类蔬菜。

三 塑料中棚

塑料中棚在体量上处于小拱棚和塑料大棚之间，操作人员可进入棚内进行管理操作。

1. 塑料中棚的类型

（1）拱圆形中棚 拱圆形中棚的跨度一般在3~6m之间，不同跨度采用的棚高和肩高各不相同（表2-17）。

表2-17 中棚不同尺度 （单位：m）

跨 度	棚 高	肩 高
6	2.0~2.3	1.1~1.5
4.5	1.7~1.8	1.0
3	1.5	0.8

根据中棚跨度的大小和拱架材料的强度来确定是否立柱。以竹木或钢筋做骨架时，应设立柱；用钢管做拱架时则不需要立柱。

（2）半拱圆形中棚 体量与拱圆形中棚相似，棚向为东西延长，棚北面架设1.5m高的土墙，南面设立拱架，拱架一端埋入地下，另一端固定在土墙上，形成一个半拱形拱架整体，上面覆盖塑料薄膜，方式与半拱圆小棚一致。

2. 塑料中棚的结构

按建造中棚拱架材料不同，可分为竹片结构、钢架结构和竹片钢架混合结构。

（1）竹片结构 按棚的宽度沿两侧边缘地面相隔1m左右间距，分别插入5cm宽的竹片，入土深度为25~30cm，然后将两侧竹片未插入地内的一端按照拱高两两对应，用铅丝扎绑形成拱圆形骨架。每隔2道拱架设立柱1根，立柱上端顶在拉杆下，距骨架20cm，下端入土40cm；立柱多采用木柱或粗竹竿。再用3道纵向拉杆将各立柱连成一体，其中主拉杆固定在每个拱架中间下方的立柱上，多用竹竿或木杆，主拉杆距拱架间的20cm处用吊柱支撑。2道副拉杆各设在主拉杆两侧部分的1/2处，副拉杆距拱架间的18cm处也用吊柱支撑，又叫作"悬梁吊柱"。拱架的2个边架每隔一定距离在近地面处设斜支撑，斜支撑上端与拱架绑在一起，下端插入土中。

【提示】 竹片结构的中棚跨度不宜太大，否则易因承重强度不够造成损毁。

（2）钢架结构 钢骨架中棚跨度较大，拱架分主架与副架。跨度为6m时，主架用DN20钢管做上弦、直径12mm钢筋做下弦，支撑桁架，副架用DN20钢管做成。主架1根，副架2根，相间排列，拱架间距1m左右。钢架结构也设3道拉杆，拉杆用直径12mm钢筋做成，设在拱架中间及其两侧部分1/2处，在主架下弦焊接，钢管副架与拉杆间焊短截钢筋连接。拱架中间的拉杆距主架上弦和副架均为20cm，拱架两侧的2道拉杆距主架上弦和副架为18cm。钢架结构的中棚一般不设立柱。

（3）竹片钢架混合结构 混合结构的拱架分成主架与副架。主架为钢架，其用料及制作与钢架结构的主架相似，副架用双层竹片绑紧做成。主架1根，副架2根，相间排列。拱架间距0.8～1m，混合结构设3道拉杆。拉杆用直径12mm钢筋做成，设在拱架中间及其两侧部分1/2处，在钢架主架下弦焊接，竹片副架设小木棒的吊柱与拉杆连接，其他与钢架结构相似。

3. 塑料中棚的性能和应用

塑料中棚的性能不如塑料大棚，但是要优于小拱棚。塑料中棚可以用于果菜类蔬菜的春季提前和秋季延后的生产，延长果菜类蔬菜上市时间，增加经济效益。

第三节 日光温室

日光温室是设施结构较完善的园艺设施，具有良好的采光和保温性能，为寒冷季节进行蔬菜生产提供了完备的条件。我国日光温室发展在设计和施工上均已取得一定成果，促进设施蔬菜的有序发展。已实现日光温室由简单到完善，由低级到高级，由小型到大型，由单栋到连栋的发展历程，一些现代化温室可以进行全年的园艺植物生产。

一 日光温室的类型与结构

日光温室按照其透明覆盖材料可以分为玻璃温室、塑料薄膜温室和硬质塑料板材温室等。我国的温室类型以单栋单屋面温室为主，每栋温室的面积一般为333～667m^2。日光温室主要由后墙、后屋面、前屋面和保温覆盖物四部分组成。

1. 玻璃日光温室

玻璃日光温室在20世纪50～70年代在农业生产中应用比较广泛，80年代以来，逐渐被塑料日光温室所取代。玻璃日光温室由后墙、后屋面、前屋面（玻璃屋面）、屋架、保温覆盖物和加温设施等组成。按照前屋面的不同形式，主要有一面坡式、二折式、三折式和立窗式温室等，生产上主要以二折式和三折式温室为主。

（1）二折式玻璃日光温室 主要在我国北方大面积应用，这种日光温室是一种土木结构的温室。后屋面为倾斜的不透明的保温屋顶，前屋面上部设有天窗、下部为地窗，具有两种不同倾斜角度的玻璃透明屋面，形成折面式屋面，因此把这种温室称之为二折式温室（图 2-22）。温室内加温设施多采用炉火烟道，也可以应用暖气进行保温。

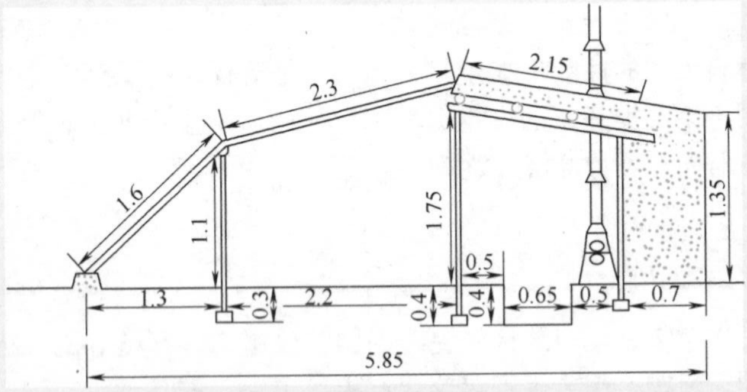

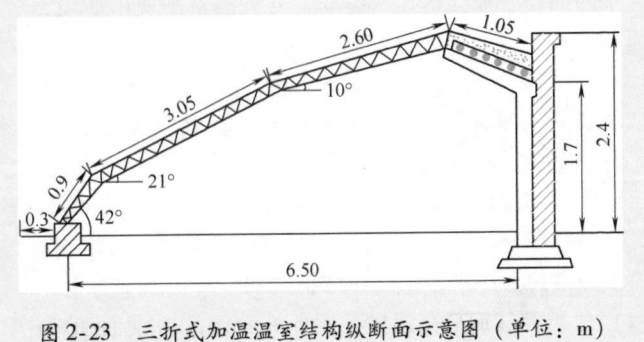

图 2-22　二折式加温温室结构纵断面示意图（单位：m）

（2）三折式玻璃日光温室　这种日光温室的前屋面具有三个不同倾斜角度的玻璃透明屋面，故称之为三折式温室。前屋面用丁字钢或角铁及圆钢焊接成桁架，宽度为 15～20cm，中间用腹杆焊成 W 形，可焊接成上下弦式的桁架或三脚架桁架，在桁架形成的三个不同角度的折面上覆盖玻璃，就形成了三折式日光温室（图 2-23）。温室内加温设施与二折式温室相同。

图 2-23　三折式加温温室结构纵断面示意图（单位：m）

2. 塑料日光温室

塑料日光温室的前屋面是以塑料薄膜为透明覆盖物。三面围墙，屋脊高度2m以上，跨度6～10m。按照农业生产的应用可以将塑料日光温室分为以下两种，一是冬季进行耐寒性蔬菜作物的生产，称为普通日光温室或春用型日光温室；二是冬季进行喜温蔬菜作物的生产，温室内需要加温，但可比加温温室节省燃料，称之为节能型日光温室，也称改良型或冬暖型日光温室。节能型和普通型日光温室结构的比较见表2-18。

表2-18 节能型和普通型日光温室结构的比较

温室类型	项目 前屋面角度/(°)	薄膜类型	脊高/m	后屋面厚度/cm	后屋面斜角/(°)	最大宽高比	墙体厚度/m	草苫厚度/cm
节能型	>20	高温膜	>2.5	>30	>40	>2.8	>1	>4
普通型	<20	普通膜	<2.5	<30	<40	<2.8	<1	<4

塑料日光温室主要有以下几种类型。

（1）长后坡矮后墙日光温室　这种日光温室起源于辽宁海城，后来进行结构改进，增加了中屋脊高度，调整了前后坡在地面的水平投影宽度，达到了更好的采光效果。这种温室跨度为5.5～6.0m，高2.6～2.8m，后坡长2.0～2.5m；后墙用土筑成，高0.6m，厚0.6～0.7m，后墙外培土；前屋面半拱形，其上覆盖塑料薄膜，前屋面外底脚处挖0.5m宽、0.6m深防寒沟，沟内填稻草等隔热材料（图2-24）。

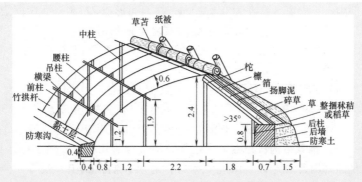

图2-24　长后坡矮后墙日光温室（单位：m）

温室后坡仰角大，冬季光照较足，保温效果较好，温室内冬季可不加温进行蔬菜作物生产，但是由于其栽培面积较小，因此生产上应用不多。

（2）短后坡高后墙日光温室　长后坡日光温室的土地利用率较低，为了增加栽培面积，增加后墙的高度，降低后坡的长度，形成一种高后墙（>1.8m）短后坡（1.5m）的塑料日光温室。这种温室加大了前屋面（采光屋面），缩短了后坡，提高了中屋脊，透光率和栽培面积明显提高，操作更加方便，保温性能较好，生产上应用较为广泛（图2-25）。

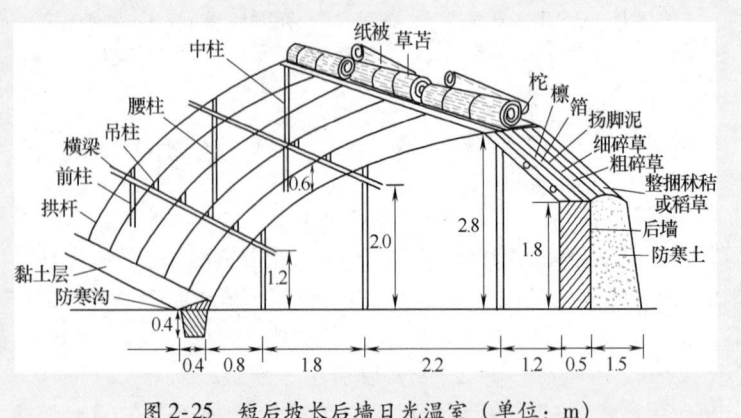

图 2-25　短后坡长后墙日光温室（单位：m）

（3）一坡一立式日光温室　这种温室跨度7m，前屋面为斜面，下部为一小立窗，高度为0.8～1m，与地面形成72°角，后屋面短，1.2～1.5m，后墙高1.8～2m。这种温室土地利用率高，空间大，有利于作物生长和人工作业。由于前屋面塑料薄膜不宜绷平压紧，采光效果较拱形前屋面稍差（图2-26）。

（4）钢竹混合结构日光温室　这种温室具有较大优点，采光效果好，土地利用率较高。跨度6m左右，高度2.3m左右，长度方向上每3m设一道钢拱杆。结构坚固，保温效果好。生产上应用较广泛（图2-27）。

（5）钢架结构日光温室　钢架结构结合前几种温室的优点，具有坚固耐用，采光好，保温效果好，通风方便，操作方便等特点，是我国北方地区广为应用的现代化日光温室的类型。

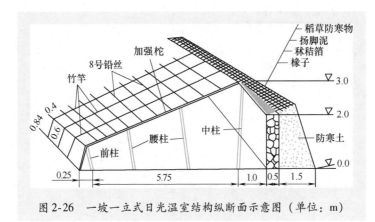

图 2-26　一坡一立式日光温室结构纵断面示意图（单位：m）

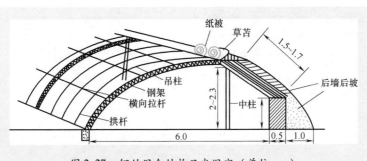

图 2-27　钢竹混合结构日光温室（单位：m）

① 沈辽Ⅰ型日光温室。于1996年设计的高效节能日光温室，在结构上具有以下特点，跨度7.5m，脊高3.5m，后屋面仰角30.5°，后墙高度2.6m，后坡水平投影长度1.5m，墙体内外侧为37cm厚砖墙，中间夹9~12cm厚聚苯板，后屋面采用聚苯板等复合保温材料，拱架采用镀锌钢管与钢筋焊接的桁架结构，配套有卷帘机、卷膜机、地下热交换等设备（图2-28）。在最低气温-20℃地区，冬季不加温可进行育苗和生产喜温蔬菜，我国北方地区很多日光温室都是在此基础上改进而成的。

② 沈辽Ⅳ型日光温室。这种日光温室跨度10~12m，脊高4.7~5.5m，后坡水平投影长度2.0~2.5m，后墙高2.7~3.0m，墙体厚

0.6～0.65m。这种温室性能和前者较为相似，但是温室内部空间明显增大，便于实现日光温室环境控制自动化和生产机械化，是实现日光温室现代化较理想的结构类型（图2-29）。

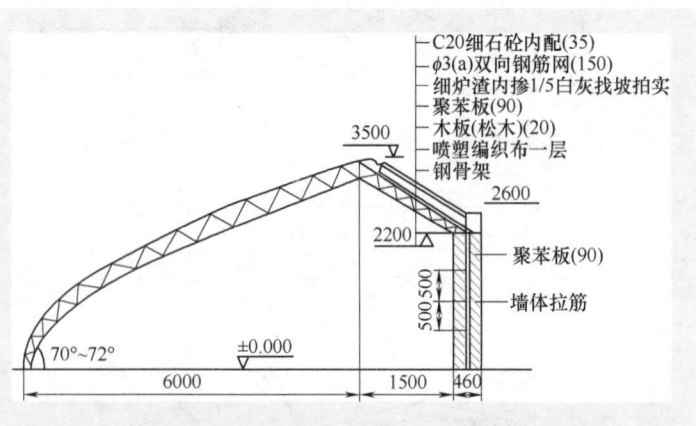

图2-28　沈辽Ⅰ型日光温室结构纵断面示意图（单位：mm）

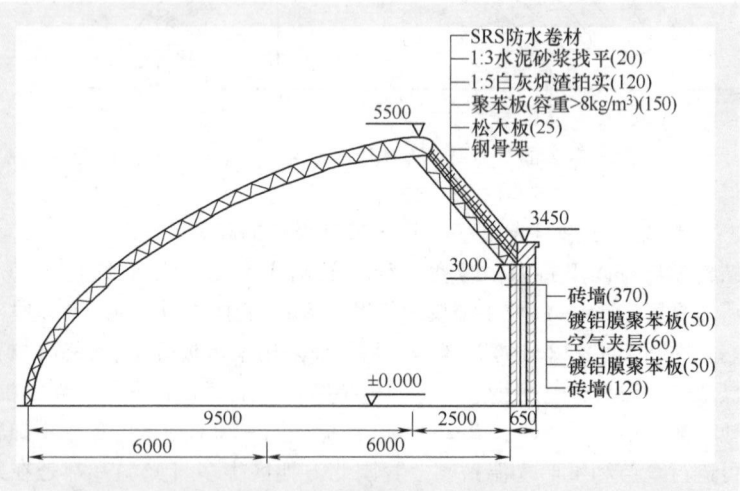

图2-29　沈辽Ⅳ型日光温室结构纵断面示意图（单位：mm）

二 日光温室的设计与施工

1. 场地选择与规划

（1）地点的选择 温室要选择避风向阳的地方。在我国北方建造温室，应选择房屋的南面，温室群要选在北面有屏障的地方。温室的南、西、东三个方向的屏障应与温室保持一定距离，以免对光照时数和强度产生影响。

（2）土壤和排水条件 要选择地势较高，土壤干燥、肥沃的地方，地下水位应较低，排水好，同时有足够水源，以保证生产过程中的用水。

（3）交通便利 要选择离住宅不远、交通方便的地方，以方便对作物的管理和运输。

（4）避免污染 应选择离工业区较远的地方，否则工业厂房排放的污水、有害粉尘气体等会对作物造成一定影响。

（5）电力条件 要保证温室内部和外部的通电线路完好，尤其是在温室群的外部要统一设置通电线路。

（6）温室群的整齐度 当建造较多温室并形成温室群时，要统一规划，应使温室跨度相同，造型一致。

（7）温室间距 前后排温室的间距应以冬至太阳高度角最小时，前栋温室不遮蔽后栋温室的太阳光为准，纬度越高的地区，冬至时太阳高度角越小，前后排温室的距离越应加大。此外，还要考虑温室的高度，即当地的纬度数一般是温室脊高加卷起草苫后的高度数的 2 倍加 1。如当地冬至太阳高度角为 30°，温室脊高为 2.8m，卷起草苫后的高度为 3.3m，则两栋间距为 7.6m。

2. 日光温室结构参数的确定

建造日光温室时需要确定以下参数：温室方位角、跨度、高度、前屋面角度、后屋面角度、温室厚度、后屋面水平投影长度、防寒沟尺寸、温室长度等（表2-19）。日光温室结构参数的确定主要围绕采光、保温、土地利用率、作物生长发育和人工操作空间等几点。

（1）温室方位角 首先要明确温室是用于秋冬春季进行蔬菜生产，方位角的确定是为了尽可能使太阳光线最大限度地射入温室内部，因此日光温室应面向正南。考虑到不同纬度地区，太阳光线直

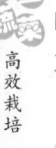

射温室的时间早晚不同，温室方位角偏斜 1°，太阳光线直射温室的时间相差 4min 左右，偏东 5°提早 20min 左右，偏西 5°延迟 20min 左右。

表 2-19　日光温室结构参数

结　构	参　数
方位角	1. 北纬 39°以南：南偏东方位角 2. 北纬 40°：正南方位角 3. 北纬 41°：南偏西方位角
跨度	6～12m（10～12m 以内为宜）
脊高	2.8～3.5（不宜过高）
后墙	1. 高度多为 2.5～3.5m 2. 厚度因地理纬度、建材及墙体构成（同质或异质）而定 3. 散热少、储热多，夜间可向室内放热，保温好
后屋面（后坡）	1. 较厚，多用秫秸或草垫、炉渣、珍珠岩、聚苯板等为材料，厚度多为 40～50cm，保温性能好 2. 后屋面仰角大（多在 30°以上），冬季白天可接收到直射阳光，反射光多，储热多，夜间向室内放热也多
防寒沟	有防寒沟。深度大于冻土层厚度，宽度 30～40cm
前屋面	1. 屋面角度合理，透入室内的光热较多 2. 选用透光、保温力强的无滴薄膜，室内光温条件好 3. 夜间采用多层覆盖，散热少，夜间室内温度高

上午蔬菜作物的光合作用最强，因此采取南偏东方位角是可行的，但是冬季时节下午光照减弱较快，使温室保温作用明显下降，因此方位角的偏斜还应考虑地理纬度。北纬 39°以南地区应采用南偏东方位角；北纬 40°地区应采用正南方位角；北纬 41°地区应采用南偏西方位角。

（2）温室跨度　温室跨度是指从温室北墙内侧到透明屋面南底角间的距离。温室跨度的大小，对于温室的采光、保温和蔬菜作物的生长发育及人工操作等有较大影响。当温室高度及后屋面长度不变的情况下，加大温室跨度，可导致温室前屋面角度和温室相对空间的缩小，从而不利于采光、保温、蔬菜作物的生长发育及人工操作等。

目前认为日光温室的跨度以 6～12m 为宜。如果是生产喜温蔬菜作物，北纬 40°以北地区以采用 6～8m 跨度最为适宜，北纬 40°以南地区可适当加宽其跨度。

（3）温室高度　温室高度是指温室的屋脊到地面的垂直距离，温室高度也称脊高或矢高。温室高度会直接影响温室前屋面的角度和温室空间大小，从而影响蔬菜作物的生长发育状况。跨度相等的温室，降低高度会减小前屋面角度和温室空间，采光效果降低，影响作物生长发育；增加高度会增加前屋面角度和温室空间，增加温室采光，有利于作物生长发育，但是过高的温室高度，不但会增加温室建造成本，还不利于温室保温。由此可见，温室高度应进行合理规划，一般认为，跨度 6～7m 的日光温室，在北纬 40°以北地区，如果是生产喜温蔬菜作物，高度以 2.8～3.0m 为宜；在北纬 40°以南地区，高度以 3.0～3.2m 为宜。如果温室跨度增加，高度也应相应有所增加。

（4）温室前屋面角度　温室前屋面角度是指温室前屋面底部与地平面的夹角，前屋面又称为坡面。屋面角应根据太阳光线照到温室透光面的角度而定，也就是太阳入射角，同时也能影响太阳光线进入温室的透光率，入射角越大，透光率就越小，温室内采光效果就会越不好（图 2-30）。

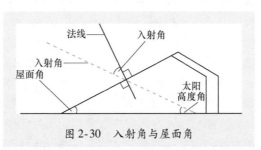

图 2-30　入射角与屋面角

在我国北纬 32°～43°地区，冬至那天要保证日光温室内有较大的透光率，因此其前屋面角应保证在 31.5°以上，同时，前屋面角度的大小还应考虑温室整体结构、造型及使用面积和操作空间是否合理。因此，日光温室前屋面底角地面处的角度应在65°左右。

与此同时，温室前屋面的形状以采用自前底角向后至采光屋面的2/3处为圆拱形坡面，后部1/3部分采用抛物线形屋面为宜。这样跨度6m，高度3m的日光温室可以保证前屋面底角处切线角达到65°以上，距前底角1m处切线角达到40°以上，距前底角2m处切线角达到25°左右。冬季温室内大部分光线是靠距温室前底角2m范围内进入温室中的，因此这一段有较大的角度对提高透光率是极有利的。

（5）温室后屋面角度　温室后屋面角度是指温室后屋面（后坡）与后墙顶部水平线之间的夹角。温室后屋面角的大小，对温室后部有一定影响，后屋面角的大小应以大于该地区冬至那天正午时刻太阳高度角7°左右为宜。后屋面角过小则后屋面平坦，靠近后墙部在冬至那天见不到阳光，影响温室后部保温效果。后屋面角过大，后屋面陡峭，阳光直射时间长，温室后部保温效果好，但对建造温室造成一定困难，铺箔抹泥和卷放草苫不方便，温室屋脊与后墙顶部高度差应在90cm左右，以保证冬季寒冷时节太阳光线能够直射到后墙及后屋面上，增加墙体和后屋面的储热量，以此保证温室内部的保温效果。

（6）温室厚度　温室厚度主要指温室墙体的厚度和温室后屋面的厚度，温室的墙体和后屋面不但起到承重的作用，还起到温室储热保温的作用，厚度越大，保温效果越好。一般情况下，在北纬34°地区，土筑墙厚度达到80cm能取到较好的保温效果，在北纬40°地区，墙体厚度达到1.5m才能达到相同的保温效果。因此建造温室时，不但要考虑承重效果，还需要重点考虑建筑材料的保温性能，如导热、储热效果等。通常温室墙体最好是内层采用储热系数大、外层采用导热率小的异质材料。

（7）后屋面水平投影长度　由于温室后屋面常采用导热率低的不透明材料，而且较厚，因此其传热系数远比前屋面小。后屋面越长，晚间保温效果越好。但后屋面过长，冬季太阳高度角较小时，就会出现遮光现象，而使温室后部出现大面积阴影，影响蔬菜作物的生长发育。另外，后屋面过长也会使前屋面采光面减小，透光率降低，从而使白天温室内升温慢。在北纬38°～43°地区，温室高度在3.0～3.5m范围内，后屋面水平投影长度以1.0～1.6m为宜。

根据前屋面和后屋面的水平投影所示比例不同，可把温室分为两种，一种是短后坡温室，后屋面占温室宽度的1/6～1/4，其升温能力强，保温能力差；另一种是长后坡温室，后屋面占温室宽度的1/3，其保温能力较强，但是采光面小，升温能力较差，土地利用率不高。

（8）温室长度　温室长度是指温室东西山墙间的距离，应根据地形和承包田面积，便于管理和降低造价等条件来决定。通常情况下以50～60m为宜，温室面积为333.3～666.7m²，利于栽培管理操作。如果温室长度太短，则温室单位面积造价增高，东西两座山墙遮阳面积比例增大，影响蔬菜作物的生长发育。因此，温室长度最短不能短于30m。如果过长，温室内部温度不易统一控制在一定范围内，且每日揭盖保温草苫的时间增加，保证不了温室内统一的日照时数，也保证不了夜间温室内统一的保温时数，此外也不利于蔬菜作物等生产资料的运输。

不同纬度地区，日光温室的结构参数略有不同，部分日光温室的结构参数，见表2-20。生产上以供参考。

表2-20　不同纬度地区日光温室的结构参数

地理纬度	温室形式	温室跨度/m	温室高度/m	温室后墙高/m	温室后屋面水平投影长/m
43°	I	8.0	4.0～4.2	2.5～2.8	1.6～1.8
	II	7.5	3.7～4.0	2.4～2.7	1.6～1.7
	III	7.0	3.5～3.8	2.3～2.5	1.5～1.6
	IV	6.5	3.3～3.6	2.2～2.3	1.4～1.5
	V	6.0	3.0～3.4	2.0～2.2	1.3～1.4
41°～42°	I	10.0	4.6～4.8	2.8～3.0	1.8～2.1
	II	8.0	3.9～4.1	2.4～2.7	1.6～1.8
	III	7.5	3.6～3.9	2.3～2.6	1.5～1.6
	IV	7.0	3.4～3.7	2.1～2.4	1.4～1.5
	V	6.5	3.2～3.5	2.0～2.3	1.3～1.4

（续）

地理纬度	温室形式	温室跨度/m	温室高度/m	温室后墙高/m	温室后屋面水平投影长/m
38°~40°	I	12.0	5.2~5.5	3.0~3.2	2.0~2.3
	II	10.0	4.5~4.7	2.6~2.8	1.6~1.8
	III	8.0	3.7~4.0	2.4~2.6	1.4~1.5
	IV	7.5	3.5~3.7	2.2~2.5	1.3~1.4
	V	7.0	3.3~3.5	2.2~2.5	1.2~1.3

3. 日光温室所需材料

建造日光温室通常需要三种材料，建筑材料、透光材料和保温材料。

（1）建筑材料 建筑材料种类较多，根据投资大小可以选用不同种类的建筑材料，但是无论选择哪种建筑材料，都应保证能使日光温室达到坚固耐用和储热保温的效果。通常来看，如果投资较大，可以选用钢结构和水泥结构；如果投资较小，则采用竹木结构。建造日光温室的常用砖性能，见表2-21。

表2-21 建造日光温室的常用砖性能

名 称	尺 寸	砖标号	导热系数/[W/(m·K)]	耐水性	耐久性
普通黏土砖	240mm×115mm×53mm	75~150	2.93	好	好
灰沙砖	240mm×115mm×53mm	100	3.14	较差	较差
矿渣砖	240mm×115mm×53mm	100	2.72	较好	较差
粉煤灰砖	240mm×115mm×53mm	75~100	1.67~2.60	较差	较差
空心砖	240mm×115mm×53mm	—	1.67~2.30	好	好

（2）透光材料 透光材料是指前屋面采用的塑料薄膜，主要有聚乙烯、聚氯乙烯和乙烯-醋酸乙烯共聚膜三种。要选择具有较好的透光和保温性能，质量轻，耐老化，无滴性能好的透光材料。

（3）保温材料 保温材料包括墙体、后坡和前屋面的维护组织所用的保温材料。墙体除用土墙外，在利用砖石结构时，内部应填充保温材料，如煤渣、锯末等。不同填充材料的保温效果，见表 2-22。

表 2-22　不同填充材料的保温效果

处　　理	内墙表面温度大于室温的时段	墙体夜间平均放热量／（W·m⁻²）	室内最低气温/℃
中空	15：00～4：00	2.9	6.2
煤渣	15：00～8：00	13.8	7.8
锯末	15：00～8：00	7.6	7.6
珍珠岩	15：00～8：00	37.9	8.6

日光温室前屋面的保温，主要是采用草苫加纸被（或防水无纺布）进行保温，也可以进行室内覆盖。两层无纺布的保温效果与草苫相同。日光温室覆盖草苫纸被及各种覆盖形式的保温效果，见表2-23 和表 2-24，常用外覆盖材料规格用量，见表 2-25。

表 2-23　日光温室覆盖草苫纸被的保温效果

（单位：℃）

保温条件	4：00 温度	室内外温差	加草苫温度	加纸被温度
室外	−18.0	—	—	—
不盖草苫纸被温室	−10.5	7.5	—	—
加盖草苫温室	−0.5	17.5	10.0	—
加盖草苫纸被温室	6.3	24.5	—	6.8

表 2-24　日光温室内各种覆盖形式的保温效果

（单位：℃）

覆 盖 形 式	保 温 效 果
单层膜日光温室	+4～6
双层膜日光温室	+8～10
内扣小拱棚	+3～5
内扣小拱棚加草苫	+8～10
内加保温幕	+3～5

表 2-25　常用外覆盖材料规格用量

名　　称	规　　格			每亩用量/条	备　　注
	长度/m	宽度/m	重　　量		
稻草苫	8~10	1.0~1.2	40kg	100	—
蒲草苫	8~10	1.0~1.2	50kg	70~80	—
纸　被	8~10	1.0~1.2	10kg	100	四层牛皮纸
棉　被	5~8	2~4	—	30~40	—
无纺布	10	1.1	100g·m^{-2}	100	代替纸被
无纺布	10	1.1	300g·m^{-2}	200	代替草苫

4. 温室的施工

根据温室场地的选择与规划，在当地雨季过后进行施工，施工主要按照以下步骤展开。

（1）平整地面、放线　首先根据当地纬度和季候风向确定要建温室的方位，然后根据温室的面积大小对地面进行平整，再放线，最后确定好温室的后墙和山墙的准确位置，以备砌墙时找准。

（2）砌墙　温室的墙体材料分为砖墙和土墙两种，如图 2-31 所示。根据预算确定选择哪种墙体，预算多的话可以选用砖墙，砌墙时要砌成空心墙，这样能够提高保温效果，其中里墙砌成二四墙，外墙砌成十二墙。不同纬度地区里外墙之间的距离不同，北纬 40°地区墙体总厚度在 1m 左右，里外墙距离为 64cm。为了便于通风，后

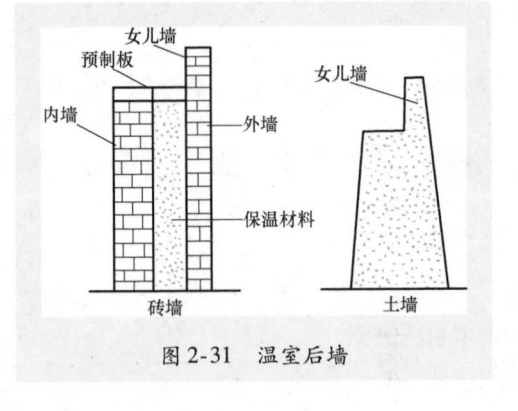

图 2-31　温室后墙

墙每 3m 设一个通风口，通风口距地面 1m，宽和高均在 45cm 左右，将提前做好的预制板装入通风口中。砖墙外侧勾缝，内侧抹灰，内外墙间填干炉灰渣、锯末、珍珠岩等保温材料，墙顶预制板封严，防止漏进雨水。在预制板上沿外墙筑 50 ~ 60cm 高的女儿墙。山墙按屋面形状砌筑，填好炉渣后也要用预制板封顶。

现在日光温室多为土筑墙，根据使用材料和筑墙方式的不同可以分为夯土墙和草泥垛墙。夯土墙是用 5cm 的木板夹在墙体两侧，向两木板间填土，一边填一边夯，不断把木板抬高，直到夯到规定高度为止；草泥垛墙是把麦秸分成 15 ~ 20cm，掺入黏土中，混匀后，用钢叉垛墙，每次垛墙高度在 1m 左右，分两次垛成。两种墙体中的后墙顶部外侧都要高于内侧 40cm，使后墙与后屋面连接处严密。墙体最好做成下宽上窄的梯形。温室后墙和山墙要有地基，地基深度要和当地冻土层相等，宽度要比墙略宽些。

（3）立屋架　土木结构的温室，后屋面骨架由立柱、柁、檩构成，如图 2-32 所示。前屋面由立柱、横梁、竹片或竹竿（拱杆）构成。一般每 3m 设一立柱，立柱要深埋入土中 50cm，向北倾斜 85°，下端设砖石柱基，为防止埋入土中部分腐烂，之前最好用沥青进行涂抹。在立柱上安柁，柁头伸出中柱前 20cm，柁尾担在后墙顶的中部。柁面找平后上脊檩、中檩和后檩。利用高粱秸秆、玉米秸秆或芦苇以及板皮作箔，扎成捆

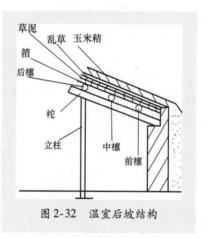

图 2-32　温室后坡结构

后摆在檩木上，上端探出脊檩外 10 ~ 15cm，下端触到墙头上，秸秆要颠倒摆放紧实，在上面压 3 道横筋绑缚在檩木上，然后用麦秸秆、杂草等把空隙填平，抹 2cm 厚的草泥。入冬上冻前再抹第二遍草泥，草泥要干透之后再铺一层杂草，然后再盖上玉米秸秆。

前屋面为拱圆式，设两道横梁，前面的一道横梁设在距前底脚1m处的位置，后一道横梁设在前柱和中柱之间，横梁下每3m设一支柱，与中柱在一条线上。横梁上按80cm左右的间距设置小吊柱，用竹片做拱杆，上端固定在脊檩上，下端固定在前底脚横杆上，中部由两排20cm长的小吊柱支撑。

前屋面为一坡一立式的日光温室，在前底脚每3m定一木桩，上边设一道方木或圆木横梁，横梁中间再用两根立柱支撑，构成80cm高的前立窗，每3m设一木杆或竹竿的加强梁，梁上端固定在脊檩上，下端固定在前立窗上。在骨架上按间距30cm，东西向拉8号铁丝，铁丝两端固定在东西山墙外的地锚上，用紧线钳拉紧铁丝。在铁丝上按间距80cm左右铺直径2.5cm的竹竿，用细铁丝拧在8号铁丝上。

（4）覆盖塑料薄膜 覆盖塑料薄膜要选在无风的天气进行，薄膜的尺寸要大于温室的前屋面尺度，一般情况下，薄膜长度要超过东西山墙不少于1m，宽度要超过前屋面不小于0.8m。这样才方便于覆盖后对薄膜进行压紧实。

覆盖薄膜前先卷成卷，由屋顶上把它的上面固定，再拉到下面，卷入高粱秸秆，埋入底脚下预先挖好的沟中，埋土踩紧，再向东西拉紧，卷入高粱秸秆或木条，固定在山墙外侧。拱圆式温室为了防风方便，常用宽度在1m左右的薄膜在前底脚先进行覆盖，先在薄膜上面卷成小筒，筒内卷入一条尼龙绳或塑料捆扎绳，固定在拱杆上，下面用土压实。拱圆式温室上部覆盖一大幅薄膜，下面超过先前1m宽的薄膜约30cm左右，再固定压膜线。按照这种方式覆盖薄膜不但便于扒缝放风，还可以卷起下部1m宽的薄膜进行放风。覆盖薄膜后，在各拱杆之间拉上压膜线，可以选用专用塑料压膜线，后坡上事前准备好用来固定压膜线的铁丝，将压膜线上端固定于此，下端固定在前底脚预埋的地锚上，压膜线必须紧实牢固，才可以保证在大风天气中塑料薄膜不被吹坏。

一坡一立式的日光温室覆盖薄膜不用压膜线，而是在薄膜上用直径1.5cm的细竹竿作压杆，同薄膜下的竹竿相对应，用细铁丝穿过薄膜拧在拱杆上，屋顶和前底脚处的薄膜用土压实，东西山墙外用木条卷起，拧在8号铁丝上。

（5）**培防寒土**　在寒冷的北方地区，尤其是纬度40°以北地区，要注重温室的保温，这就需要在温室后墙外侧地面进行培土，培土厚度相当于当地冻土层的厚度，从基部开始进行培土，以保证低温天气温室后墙不被寒冷天气冻透。培防寒土能够起到良好的保温作用。

（6）**挖防寒沟**　除了在后墙培防寒土，也需要在前屋面的前底脚外挖防寒沟进行保温。通常情况下，防寒沟宽40cm，深45cm左右，沟内用杂草填满，上面覆盖黏土踩实，要稍高出地面，高出地面的土坡向南要有一定坡度，以免温室内漏进雨水。

（7）**建操作间**　当温室的长度超过50m，需要在靠近道路的一侧山墙处建造操作间，当温室长度超过100m时，可以把操作间建在中间，形成东西两栋温室以方便生产管理。操作间一般宽3m左右，跨度4m左右，高度以不遮挡温室采光即可。

建造操作间，主要是方便管理人员随时可以进行生产操作，也方便休息，还可以防止室外大风直接吹进温室。同时，操作间还作为储物间放置生产工具和生产资料等。

三　环境特点及调控技术

温室栽培是在一定的空间范围内进行的，因此管理者对环境的控制和调节能力与影响，比露地栽培要大得多。管理的重点，是根据作物及对环境条件的要求，通过人为地调节控制，尽可能使作物与环境之间协调、统一、平衡，人工创造出适宜作物生长发育的最佳综合环境条件，从而实现蔬菜作物温室栽培的优质、高产、高效。

1. 日光温室光照环境特点及调控

（1）**日光温室光照环境特点**　光照是日光温室的热量来源，也是蔬菜作物进行光合作用的能量来源，其生命活动，都与光照密不可分，因为其赖以生存的物质基础，是通过光合作用制造出来的。

温室内的光照环境受温室方位和结构类型、透光屋面大小和形状、透明覆盖材料的特性和洁净程度等多种因素的影响。使日光温室光照条件表现出光照不足、分布不均、前强后弱、上强下弱的特点。温室的透光率会由于薄膜吸收、反射、薄膜内表面结露的水珠折射、吸收等而降低。温室内的光照时数，是指受光时间的长短。温室内的光照时数一般比露地要短，因为在寒冷季节为了防寒保温，覆盖的保温被、草帘揭盖时间直接影响温室内光照时数（表2-26）。温室内的不同部位光分布有差异，水平分布表现为南部强，中间次之，北部最弱（表2-27）；垂直分布呈上强下弱的特点（表2-28）。光分布的不均匀性，使得作物的生长也不一致。

表2-26　辽南地区日光温室的草苫揭盖时间

月　份	揭草苫时间	盖草苫时间	光照时数/h
12	08：00~08：30	15：30~16：30	7.5
1	08：30~09：00	15：30~16：00	6~7
2	07：30~08：00	16：30~17：30	9
3	07：00	18：00	10
4	06：30	20：00	13.5
5	撤掉草苫	—	—

表2-27　不同类型日光温室内光照强度的水平分布

温室类型	室内不同部位光照						室外光强/万 lx
	前　部		中　部		后　部		
	/万 lx	（%）	/万 lx	（%）	/万 lx	（%）	
矮后墙、长后坡型	1.97	85.2	1.48	64.0	1.01	43.7	2.31
钢竹混合结构型	2.93	73.8	2.76	69.5	1.95	49.0	3.97
无后坡型	1.77	85.0	1.44	56.5	0.95	45.8	2.07

表2-28　日光温室内光照强度的垂直分布

（单位：万 lx）

温室类型	高　度						
	地　面	0.5m	1.0m	1.5m	2.0m	2.5m	近棚顶
拱圆形	2.0	2.1	2.4	2.6	2.8	2.9	3.0
一坡一立式	1.9	2.0	2.2	2.3	2.6	2.8	2.9

（2）温室光照环境的调控措施　温室内蔬菜作物对光照条件的要求是，光照要充足而且分布均匀。

① 改进温室结构、提高透光率。选择适宜的建棚场地及合理的方位角，应选择南面开阔，东西无巨大遮阴物，避风向阳的地块。设计合理的屋面坡度和长度。合理的透明屋面形状，采用拱圆形屋面采光效果好。在确保温室结构牢固的前提下尽量少用材、用细材，最好采用无立柱全钢架结构，以减少遮阴挡光。选用透光率高的透明覆盖材料，应选用防雾滴且持效期长、耐候性强、耐老化性强等的优质薄膜。

② 加强温室管理措施。保持透明屋面清洁干净，经常清除灰尘以增加透光，减少光的折射率，提高透光率。在保温前提下，保温薄膜尽可能早揭迟盖，增加光照时间。适当稀植，合理安排种植行向。蔬菜作物行向以南北行向较好，没有死阴影；若是东西行向，则行距加大；加强植株管理，高秧作物适时整枝打杈，吊蔓或插架。进入盛产期时还应及时将下部老叶摘除，以防止上下叶片相互遮阴。

③ 人工补光。当黑夜过长而影响作物生育时，应进行补充光照。另外，为了抑制或促进花芽分化，调节开花期，也需要补充光照。这种补充光照要求的光照强度较低，称为低强度补光。

【提示】 由于人工补光成本较高，生产上很少采用，主要用于育种、引种、育苗等。

④ 遮光主要有两个目的：一是满足作物光周期的需要；二是降低温室内的温度。利用覆盖各种遮阴物，如遮阳网、无纺布、苇帘、竹帘等；进行遮光能使室内温度下降 2～4℃。初夏中午前后，光照过强，温度过高，超过作物光饱和点，对生育有影响时应进行遮光；在育苗过程中移栽后为了促进缓苗，通常也需要进行遮光。遮光材料要求有一定的透光率，较高的反射率和较低的吸收率。

2. 日光温室温度环境特点及调控

（1）温室温度环境特点 温度是影响蔬菜作物生长发育最重要的环境因子，它影响着蔬菜作物体内一切生理变化，是其生命活动最基本的要素。正常情况下温室内的最低温度在 10℃ 以上，1 月的

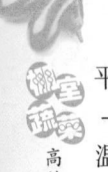

平均温度应达到可以随时定植喜温果菜的温度水平，在外界气温 −20℃左右的情况下，室内外温差可达30℃左右（图2-33）。日光温室的温度是随着太阳的升降而变化的。晴天上午适时揭苫后，温度有短暂的下降过程，然后便急剧上升，一般每小时可升高6~7℃；盖苫后，室温有暂时的回升过程，然后一直处于缓慢的下降状态，直至次日的黎明达到最低。

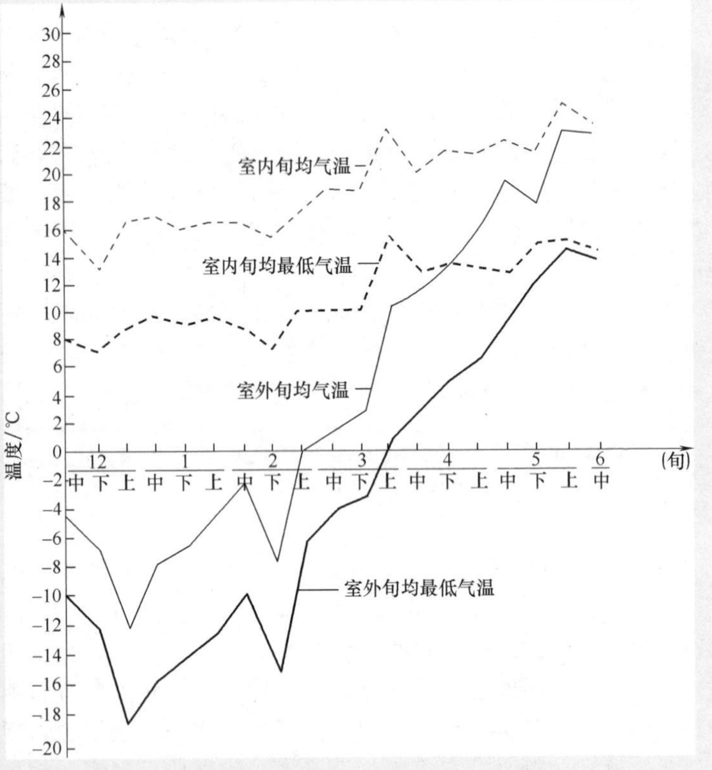

图 2-33　日光温室内外气温的季节变化

　　土壤是能量转换器，也是温室热量的主要贮藏处。晚间，当没有外来热量补给时，土壤储热是日光温室的主要热量来源。土壤温度的垂直变化表现为晴朗的白天上高下低，夜间或阴天为下高上低，这一温度的梯度差表明了在不同时间和条件下热量的流向

（图 2-34）。

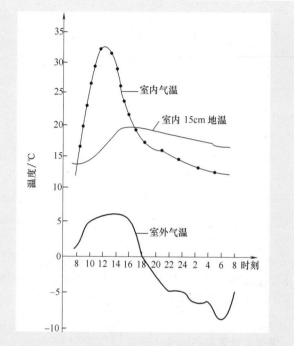

图 2-34 日光温室内地温、气温与室外气温的日变化

（2）温室温度环境的调控措施　温室内温度调控要求达到能维持适宜于作物生育的设定温度，温度的空间分布均匀，时间变化平缓。调控措施主要包括保温、加温和降温三个方面。

① 保温。温室内散热有 3 种途径：一是经过覆盖材料的围护结构（墙体、透明屋面等）传热；二是通过缝隙漏风的换气传热；三是与土壤热交换的地中传热。

② 加温。加温措施主要有炉灶煤火加温和锅炉水暖加温。一般大多采用炉灶煤火加温，近年来也有采用锅炉水暖加温或地热水暖加温的。也可以采用热水或蒸汽转换成热风的采暖方式。

③ 降温。温室内降温最简单的途径是通风，但在温度过高，依靠自然通风不能满足作物生育的要求时，必须进行人工

降温。主要有遮光降温法、屋面流水降温法、喷雾降温法和强制通风。

【提示】 地温不足是日光温室冬季生产普遍存在的问题，提高1℃地温相当于增加2℃气温的效果。

3. 日光温室湿度环境特点及调控

温室内的湿度环境，包含空气湿度和土壤湿度两个方面。

（1）温室土壤湿度的特点及调控

① 温室土壤湿度的特点。温室生产期间的土壤水分主要依赖于人工灌溉。土壤蒸发出来的水分受到棚膜的限制，较少蒸发到大气中，所以生产相同的产量时，比露地用水量要少。水汽在棚膜上凝结后，水滴会受棚膜弯曲度的限制而经常滴落到相对固定的地方，因而造成温室土壤水分的相对不均匀性。

② 温室土壤湿度的调控措施。土壤湿度的调控应当依据蔬菜作物种类及生育期的需水量、体内水分状况及土壤湿度状况而定。温室灌溉方式一般宜采用喷灌或滴灌，简易的也可以采用浇灌和喷壶洒水等措施。

（2）温室空气湿度的特点及调控

温室空气湿度的特点：由于温室是密闭环境，室内空气湿度主要受土壤水分的蒸发和植物体内水分的蒸腾影响。

温室内蔬菜作物由于生长势强，代谢旺盛，通过蒸腾作用释放出大量水蒸气，在密闭情况下水蒸气很快达到饱和，空气相对湿度比露地栽培要高得多。高湿，是温室湿度环境的突出特点。特别是室内夜间随着气温的下降相对湿度逐渐增大，往往能达到饱和状态（图2-35）。

4. 温室气体环境特点及调控

（1）温室气体环境特点 温室内空气流动不但对温、湿度有调节作用，而且能够及时排出有害气体，同时补充二氧化碳，对增强作物光合作用，促进生育有重要意义。由于温室内是一个封闭环境，空气流动性差，其气体构成与露地也有较大差异：在不与外界进行

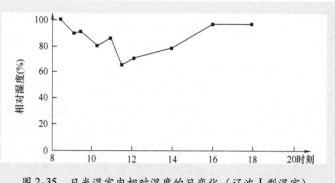

图 2-35　日光温室内相对湿度的日变化（辽沈Ⅰ型温室）

气体交换的情况下，温室内白天氧气含量较高，而夜间氧气含量较少，影响植物正常的呼吸作用。日光温室内二氧化碳的含量，在太阳升起后随着时间的推移急剧下降，并呈现出降低的总体变化，期间因风口的开关而有所起伏。温室内由于空气流动性差，有毒有害气体成分的含量较高，主要成分有氨气、二氧化氮、二氧化硫、乙烯和氯气。

（2）温室气体环境的调控措施

①二氧化碳含量的调控。化学反应法：采用碳铵和强酸反应产生二氧化碳，准备一批塑料桶，每栋温室等距离放 8~10 个，然后配置硫酸。将每份 98% 的硫酸慢慢倒入 3 份水中，并缓缓搅动，待温度降至常温备用。最后把碳铵均匀分在各容器中。几种常见蔬菜主要生育期碳铵用量，见表 2-29。

表 2-29　几种常见蔬菜主要生育期碳铵用量

（单位：g/m^2）

种　　类	苗　　期	定植—坐果	坐果—收获
黄瓜	5.7~8.1	11.5~16.5	8.0~11.9
番茄	2.7~3.6	7.2~9.7	6.0~8.0
辣椒	4.5~6.3	9.1~12.2	11.3~13.8
芹菜	—	7.6~11.7	—
韭菜	13.5~21.0	—	—

注意 切不可将水倒入硫酸中，造成伤人事故。

燃烧法：燃烧物质可以是煤和焦炭、白煤油、天然气或液化石油气等。也可以施用成品二氧化碳，可以是液态二氧化碳或固态二氧化碳（即干冰）。二氧化碳施用时期和时间一般在早上揭帘后30~40min以后，阴天适当推后，并且用量减半，雨雪天不施用。

② 预防有害气体。要做到合理施肥：施用完全腐熟的有机肥；不施用挥发性强的肥料（如碳酸氢铵、氨水）；施肥要做到基肥为主，追肥为辅；追肥要做到"少量多餐"，要穴施、深施；施肥后要覆土、浇水，并进行通风换气。每天应及时通风换气，排除有害气体。

5. 温室土壤环境特点

土壤是作物赖以生存的基础，作物生长发育所需要的养分和水分，都要从土壤中获得。温室内温度高，空气湿度大，气体流动性差，光照较弱，而作物种植茬次多，生长期长，故年施肥量大，根系残留量也较多，易产生土壤盐渍化、酸化及连作障碍，影响温室作物的生长发育。

温室内土壤蒸发量大，盐分随水分的蒸发而上升到土壤表面，加上温室内蔬菜作物需要大量施肥，没有被吸收利用的肥料残留在土壤中，时间一长就大量累积。由于化学肥料的大量施用，特别是氮肥的大量施用，使得土壤酸度增加。此外，设施中连作障碍是一个普遍存在的问题，如病虫害严重、根系生长过程中有毒物质的积累、土壤中矿质元素失衡而出现缺素症状等。

第四节 连栋温室

一 连栋温室的类型与结构

1. 连栋温室的类型

连栋温室按照温室屋面的特点可以分为屋脊形连接屋面温室和拱圆形连接屋面温室两种类型（表2-30、表2-31）。屋脊形连接屋面温室主要以玻璃作为透明覆盖材料，以荷兰的芬洛型温室为主要代表，这种温室大多分布在欧洲，荷兰分布面积最大，居世界首位。拱圆形连接屋面温室主要以塑料薄膜作为透明覆盖材料，在日本、法国、以色列、韩国等国家应用广泛。我国通过引进国外连栋温室，近年来也逐渐研制出一系列屋脊形连接屋面温室。

表2-30　屋脊形连接屋面温室的基本规格

温室类型	单栋跨度	脊高/m	肩高/m	骨架间距/m	覆盖材料	生产或设计单位
LBW63	6m	3.92	2.38	3.03	玻璃	原上海农业机械研究所
LB64S4S	3.2m×2m	4.7	4.0	4.0	玻璃	
LB96Ss4S	3.2m×3m	4.7	4.0	4.0	玻璃	
LPC80S4	4m×2m	5.0	4.0	4.0	玻璃	
LB120Ss4	4m×3m	5.0	4.0	4.0	玻璃	
LBB96Ss4	3.2m×3m	4.9	4.0	4.0	双层玻璃	
LPC64S4	3.2m×2m	4.8	4.0	4.0	PC板	
LPC96Ss4	3.2m×3m	4.8	4.0	4.0	PC板	
LPC80S4	4m×2m	5.1	4.0	4.0	PC板	京鹏环球温室工程有限公司
LPC120Ss4	4m×3m	5.1	4.0	4.0	PC板	
LPC108Ss4	3.6m×3m	5.0	4.0	4.0	PC板	
LPC108Ss5	3.6m×3m	5.0	4.0	5.0	PC板	
LPC80D4	8m	6.07	4.0	4.0	PC板	
LPC96D4	9.6m	6.47	4.0	4.0	PC板	
LPC100D4	10m	6.97	4.0	4.0	PC板	
LM80D4	8m	6.08	4.0	4.0	PC板	
LM96D4	9.6m	6.48	4.0	4.0	PC板	
荷兰分洛A型	3.2m	3.05~4.95	2.5~4.3	3.0~4.5	玻璃	
荷兰分洛B型	3.2m×2m	3.05~4.95	2.5~4.3	3.0~4.5	玻璃	荷兰
荷兰分洛C型	3.2m×2m	4.20~4.95	2.5~4.3	3.0~4.5	玻璃	

表 2-31　拱圆形连接屋面温室的基本规格

温室类型	单栋跨度/m	高度/m	肩高/m	骨架间距/m	覆盖材料	生产或设计单位
GLZW-7.5	7.5	4.9～5.2	3.2～3.5	3.0	薄膜	原上海农业机械研究所
GLW-6	6.0	4.0～4.5	2.5～3.0	3.0	薄膜	
LPC80R4	8.0	5.5	3.5	4.0	PC 板	
LPC96R4	9.6	5.8	3.5	4.0	PC 板	京鹏环球温室工程有限公司
LM60R4	6.0	3.5	2.1	4.0	薄膜	
LM80R4	8.0	5.0	3.0	4.0	薄膜	
LM96R4	9.6	5.0	3.0	4.0	薄膜	
GLP732	7.0	5.0	3.0	3.0	薄膜	浙江省农业科学院
华北型	8.0	4.5	2.8	3.0	薄膜	中国农业大学
WSP-50	6.0	—	2.2	3.0	薄膜	
SRP-100	6.0～9.0	—	2.2	3.0	薄膜	日本
SP	6.0～8.0	—	2.1	2.5	薄膜	
以色列温室	7.5	5.5	3.75	4.0	薄膜	以色列 AZROM
以色列温室	9.0	6.0	4.0	4.0	薄膜	以色列 AVI
INVERCAC 型	8.0	5.21	—	2.5	薄膜	西班牙
法国温室	8.0	5.4	4.2	5.0	薄膜	法国 RICHEL
韩国温室	7.0	4.3	2.5	2.0	薄膜	韩国

2. 连栋温室的结构

（1）屋脊形连接屋面温室的结构　荷兰芬洛型玻璃温室是屋脊形连接屋面温室的典型代表，温室骨架采用钢架和铝合金构成，透明覆盖材料为 4mm 厚平板玻璃。温室屋顶形状和类型主要有多脊连栋型和单脊连栋型两种，如图 2-36、图 2-37 所示。

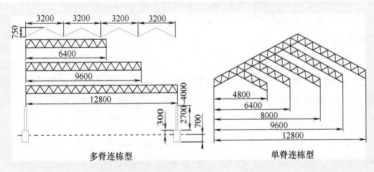

多脊连栋型　　　　　　　　　　　　单脊连栋型

图 2-36　单脊和多脊玻璃连栋温室的屋顶示意图（单位：mm）

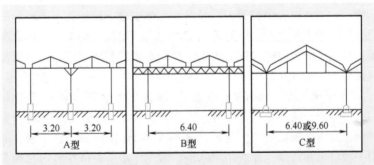

A 型　　　　　　　B 型　　　　　　C 型

图 2-37　荷兰芬洛型连栋玻璃温室示意图（单位：m）

多脊连栋型温室的标准脊跨为 3.2m 或 4.0m，单间温室跨度为 6.4m、8.0m 和 9.6m。当前采用 4.0 ~ 4.5m 的跨度较多，这种温室的传统屋顶通风窗宽 0.73m，长 1.65m；目前玻璃宽度为 1.0m 左右，最常用的是 1.25m。以 4.0m 脊跨为例，通风窗玻璃长度为 2.08 ~ 2.14m。同样，排水槽高度也在逐渐调整。单脊连栋温室的标准跨度为 6.4m、8.0m、9.6m、12.8m。在室内高度和跨度相同的情况下，单脊连栋温室较多脊连栋温室的开窗通风率大。

现以荷兰屋脊型连栋温室为例，介绍连栋温室的结构。

1）骨架结构。

① 基础。基础是连接地基和结构的基本结构件，将其上的风荷载、雪载、作物吊重和构建自重等传递给地基。基础的安全稳固与

否，直接影响温室的稳固程度。基础由预埋件和混凝土浇筑而成，塑料薄膜温室基础较简单，玻璃温室较复杂，且必须浇注边墙和端墙的地固梁。

② 骨架。一类温室其柱、梁或拱架都用矩形钢管、槽钢等制成，经过防锈蚀处理，具有较好的防锈能力；另一类温室的门窗、屋顶等为铝合金型材，经过抗氧化处理，轻便美观、不生锈、密封性能好，而且推拉开启省力，这种类型的连栋温室在荷兰生产较多。

③ 排水槽。又叫"天沟"，用来将单栋温室连接成连栋温室，同时起到收集和排水的作用。排水槽自温室中部向两端倾斜延伸，坡降多为 0.5%。连栋温室的排水槽在地面形成阴影，约占覆盖地面总面积的 5%。因此，要求在保证结构强度和排水顺畅的前提下，排水槽结构形状对光照的影响尽量减小。排水槽下面还装有半圆形的铝合金冷凝水回收槽，以防止覆盖物内表面形成冷凝水滴，滴在蔬菜作物上或增加室内湿度，收集的冷凝水排放到地面或利用回收管直接排放到室外或蓄水池中。

2）覆盖材料。覆盖材料应选用具有透光性和保温性好、坚固耐用、质地轻、便于安装、价格便宜等特点的。屋脊连栋温室的覆盖材料主要为平板玻璃、塑料板材（FRA 和 PC 板）和塑料薄膜，其中平板玻璃在西欧、北欧和东欧地区常用，塑料板材在美国和加拿大地区常用，塑料薄膜在亚洲、以色列和西班牙地区常用。寒冷和光照条件差的地区，玻璃仍是较常用的覆盖材料，保温透光好，但是其造价高（是塑料薄膜的 5 倍），且易损坏，维修不方便。此外玻璃重量大，要求的温室框架材料强度相应也高，这也增加了投资成本。

塑料薄膜价格较低，且易于安装，质地轻，但不适用于屋脊型屋面，且易污染老化，透光率较差。PC 板兼具玻璃和塑料薄膜的优点，且坚固耐用不易污染，是理想的覆盖材料，但是其造价较高。

（2）拱圆形连接屋面温室的结构　我国使用拱圆形连接屋面温室较多，其覆盖材料采用塑料薄膜。塑料薄膜具有质量轻的特点，在降雨雪较少的地区，可以减少温室结构安装量，增大薄膜安装件间距，例如内部柱间距为4m 或 5m 时，拱杆间距分别为2m 或 5m。

跨度也有 6.4m、7.5m、8m 和 9m 等多种规格。从侧边起 0.5m 处的自由空间高度可以达到 1.7m 以上，进一步方便了栽培作业。由于框架结构比玻璃温室简单，用材量少，建造成本低。

塑料薄膜的保温性能比玻璃保温性能要差一些，在建造温室时，采用双层充气薄膜以增加温室的保温效果。跟单层薄膜相比，双层充气薄膜的内层薄膜内外温差较小，在冬季寒冷天气可以减少薄膜内表面冷凝水的数量。同时，外层薄膜不与结构件直接接触，而内层薄膜由于受到外层薄膜的保护，可以不受外界风雨雪的侵蚀，从而提高内外双层薄膜的使用寿命。为了保持双层薄膜之间的适当间隔，常用充气机进行充气（图 2-38）。

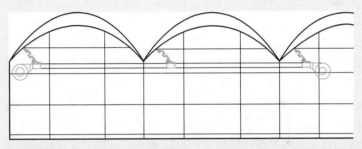

图 2-38 双层薄膜充气系统示意图

【注意】 由于双层充气薄膜透光率较低，因此在光照强度弱的地区或生产喜温蔬菜时不宜使用。

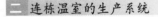

二 连栋温室的生产系统

1. 屋脊形连栋温室的生产系统

（1）自然通风系统 连栋温室的自然通风系统分为三类，一类是侧窗通风，一类是顶窗通风，还有一类是两者兼具。连栋温室的通风效果取决于风速和通风窗面积，面积越大通风效果越好，因此第三类的通风系统最好。但是在大风地区，通风面积要进行合理规划，要选择结构强度大的材料。

（2）加温系统 连栋温室的顶面面积较大，因此一般不采取外部覆盖保温，而是主要采用温室内加温以维持保温效果。加温系统采用集中供暖，分区控制，有热水管道加温和热风加温两种方法。

① 热水管道加温系统。热水管道加温主要是利用热水锅炉，通过加热管道温室进行加温。温室内的散热管要保证温室内加温均匀，水平方向上温差不超过1℃；热量供应能随蔬菜作物不同生长发育时期而变化调节；热水要在管道内保持通畅。

根据温室内蔬菜作物生长的变化，温室内散热管的排列按管道的移动性可以分为升降式和固定式管道，按管道的位置则可分为垂直排列和水平排列管道。热水管道加热的特点是温室内温度上升速度慢，室内温度均匀，在停止加热后温室内温度下降的速度也慢，这样才有利于蔬菜作物的生长，否则温度骤升骤降不利于作物的生长发育。

热水管道加温需要的设备较多，需要一定空间进行摆放，因此当温室面积大时才使用这种加温系统。此外该系统的造价也较高。

② 热风加温系统。该系统主要利用热风炉，通过风机将热风送入温室进行加温。热风加温具有温室内温度上升快的特点，但停止加热后其降温速度也快，对作物的发育有一定影响，加温效果不及热水管道。热风加温系统设备占地面积小，适用于面积较小的连栋温室。

（3）帘幕系统 帘幕系统具有遮阳和保温的双重功能。在夏季炎热天气，通过遮阴可以降低温室内温度7℃左右，冬季寒冷天气，起到保温效果，可以提高室温6~7℃。

帘幕材料主要采用塑料线编制而成，按照保温和遮阳的不同要求，在其内部嵌入不同比例的铝箔。帘幕可以分为节能型、节能/遮光型、遮光型和全遮光型等。市场上种类较多，生产上可以根据不同需要进行选择。

帘幕开闭驱动系统可分为两种形式：一是齿轮齿条驱动机构，由发动机带动驱动轴转动，实现帘幕的展开和收拢。二是钢丝绳牵引式驱动机构，转动钢丝绳，牵引帘幕，通过电机的正反转实现帘幕的展开和收拢。

（4）计算机环境测量和控制系统 通过控制连栋温室的环境指

标，使室内蔬菜作物在一个动态有效的环境下生长。这也是连栋温室较为重要的一个技术指标。调节和控制的环境目标参数包括温度、湿度、二氧化碳浓度和光照等。针对不同的环境目标参数，采用不同的控制设备，具体见表2-32和表2-33。

表2-32　温室气候的目标参数及其控制设备

目标参数	控制设备
温度	加热系统、通风系统、帘幕系统、喷淋/喷雾系统
湿度	加热系统、通风系统、帘幕系统、喷淋/喷雾系统
二氧化碳含量	通风系统、二氧化碳施用系统
光照	帘幕系统、人工照明

表2-33　控制设备及控制原理

控制设备	控制原理
喷淋/喷雾系统	开关控制
降湿系统	开关控制
二氧化碳施用系统	开关控制
帘幕系统	开关控制
人工补光系统	开关控制
强制通风系统	开关控制
自然通风系统	比例或比例加积分控制
加热系统	比例或比例加积分控制

无论何种控制原理，都存在测量目标值和实际值之间的偏差，这是因为实测值和实际值有一个滞后时间差，目前不少研究机构正在研究更智能的控制方法，以期达到最好的效果。

（5）灌溉和施肥系统　较好的灌溉和施肥系统包括水源、储水及供给设备、水处理设施、灌溉和施肥设施、田间网络和灌水器（即滴头）等。在土壤栽培时，作物根区土层下需铺设暗管，以利于排水。在基质栽培时，可采用肥水回收装置，将多余的肥水收集起来，重复利用或排放到温室外面。

灌溉和施肥系统设有电子调节器及电磁阀，通过时间继电器，调整成时间程序，可以定时定量地进行自动灌水。如果是无土栽培，则可以定量供液，并能自动调节营养液中各元素的含量。在寒冷季节，可以根据水温控制混合阀门调节器，把冷水与锅炉的热水混合在一起，以提高水的温度。喷灌系统也可以进行液肥喷灌和喷施农药，并可以在控制盘上测出液肥、农药配比的含量和需要稀释的加水量。

温室盆栽作物可采用针式滴头施肥灌溉，可在滴灌管线上每隔一定距离安置增压器，每个增压器最多可以带动 50 个滴头，能有效改善滴灌效果（图 2-39）。

增压器在箭式滴头系统中的应用

脉动增压滴灌　　　　　常规滴灌

图 2-39　采用增压器和未采用增压器时滴灌效果示意图

（6）二氧化碳气肥系统　连栋温室与单栋温室一样，属于封闭环境，为了增强作物的光合作用，同样需要增施二氧化碳。一般大型温室多采用二氧化碳发生器，将煤油或天然气等碳氢化合物通过充分燃烧产生二氧化碳，通常 1L 煤油燃烧可以产生 $1.27m^3$ 的二氧化碳气体；也可将二氧化碳的储气罐或储液罐放置在温室内，直接进行二氧化碳输送。二氧化碳一般通过电磁阀、鼓风机和管道，输送到温室各个部位。温室内需要安置二氧化碳气体分析仪等设备，以测定温室二氧化碳气体含量，过低或过高均对作物有不良影响。

（7）常用作业机具

1）土壤和机械消毒机。温室内蔬菜作物连作现象较多，有害物质在土壤中大量聚集，严重影响作物的正常生长发育。这就需要对土壤进行专业消毒，清除有害物质。当前的消毒方法主要有物理法和化学法两种。

① 物理法。物理法中高温蒸汽消毒法较为普遍，效果也较好。在进行消毒之前，需要将消毒深度的土壤进行疏松，然后用帆布或耐高温的塑料薄膜覆盖在待消毒的土壤表面上，要密封完好，并将高温蒸汽输送管放置到覆盖物之下，每平方米土壤每小时需要50kg的高温蒸汽，才能达到较好的消毒效果。

② 化学法。将液体消毒药剂直接注入土壤一定深度，使其汽化和扩散，以达到消毒效果。

2）喷雾机械。在大型连栋温室内，单靠人工进行喷雾费时费力，因此可采用喷雾机械消除病虫害。喷雾机可定时或全自动控制，不需要人工，安全省力。为了使药剂喷洒均匀，可以在每千平方米区域内安放一台空气循环风扇。

2. 拱圆形连栋温室的生产系统

（1）加温系统　加温系统采取集中供暖方式。冬季通过暖气加温、太阳能地中热交换、保温幕、顶部和侧墙采用双层充气保温覆盖等措施提高室内温度。夏季利用开窗自然通风、遮光和湿帘风机降温等措施调控室内温度。其中地中热交换系统在冬季可使室内气温提高3~7℃，地温提高4~8℃。

（2）其他　温室帘幕系统同时具有保温和遮光作用，可自动化开闭。天窗开启机构采用齿轮加蜗杆机构，结构紧凑，噪声较低，可进行自动开合。湿帘-风机降温系统可使夏季室内气温比室外降低4~6℃。

通过加温、保温和降温措施，温室内冬季夜间温度不低于8℃，白天可达20~30℃。

连栋温室的管理设备和电控系统多集中在一个室内，或集中在一个控制台上，成为温室的管理中心。各个系统可设立电子程序控制设备，电动及手动控制设备，以便在发生机械故障或停电时可以进行手动操作。各控制系统应有单独的控制开关，并装有知识等和故障警报音响信号。

三 连栋温室的性能

1. 温度

连栋温室在一年四季中都具有较恒定的温度范围，以保证室内作物的正常生长发育。冬季，连栋温室具有热效率高的加温系统，无论室外天气好坏，12月～第二年1月份，室内温度均保证在15℃以上；夏季，采用外遮阳系统和湿帘风机降温系统，保证作物所需的正常温度范围。

温室内采用热水管道加温或热风加温，加热管道可按作物的生长区域进行合理配置，不但有固定的管道，还有可移动升降的加温管道，这种加温方法使室内加温均匀，作物生长整齐性好。这种加温方式安全清洁，无有害气体和粉尘，对管理人员身体无害。介于此，连栋温室可以脱离外界环境对其的影响，使温室内作物一年均可进行栽培生产，大大提高了经济效益。但正是因为这样，温室加温能耗很大，燃料费用花销较大，在一定程度上增加了成本。

此外，双层充气薄膜温室夜间的保温能力也较好，导热系数小，保温性能高，但成本也较高（表2-34）。

表2-34　不同温室覆盖材料性能比较

材 料 性 能	覆 盖 材 料					
	普通农膜（0.08mm厚）	多功能膜（0.15mm厚）	多功能膜（双层）	玻璃（4mm厚）	中空玻璃[3+6（空气层）+3]mm	聚碳酸酯板（中空）
导热率/[kJ/(m²·℃·h)]	29307.6～33494.4	16747.2～18840.6	14653.8～16747.2	23027.4～25120.8	12562.4～25120.8	10467.0～12562.4
透光率（%）	85～90	85～90	75～80	90～95	80～85	85～90

2. 光照

温室内的光照一直是有待提高的，从温室透明覆盖物的发展上看，透光率高始终是最重要的一个技术指标，因为光照是否充足直接影响作物的生长发育。通常用于温室的透明覆盖物有塑料薄膜、玻璃和透明塑料板材三种。大型连栋温室都具有采光好，透明覆盖物透光率高的特点，即使在日照时间最短的冬季，也能培育出优质的园艺作物，而且能获得很高的产量，一般情况下产量是单屋面温室的几倍。

双层充气薄膜温室由于采用双层充气薄膜，透光率较低，北方地区冬季地区光照弱，不利于喜光作物生长，可在温室内进行人工补光，保证园艺作物的正常生长，一些发达国家已经配备补光设备。

3. 湿度

连栋温室的封闭性较强，而双层充气薄膜温室的封闭性更强，因此这种连栋温室的空气湿度和土壤湿度都要比其他连栋温室高。连栋温室整体空间比较大，室内环境优良，适宜作物生长，因此作物的长势均较好。作物的水分蒸发旺盛，会释放出大量水汽在温室内，所以室内湿度常常是饱和状态，温室内的加温系统可有效降低空气湿度，避免过高的空气湿度给作物带来不良影响。

当处于炎热高温天气时，可以用湿帘风机降温系统来降低温室内温度，同时也能保证适宜的空气湿度，为作物的生长发育提供一个较好的生长环境。

4. 气体

温室作物栽培的室内空间二氧化碳气体含量均要比室外低，连栋温室也不例外，低含量的二氧化碳气体不能满足作物光合作用的需要，常常发生二氧化碳缺乏现象，这就需要在温室内进行有效及时的二氧化碳气体补充，进行气体施肥，保证温室内二氧化碳气体的含量，满足作物生长，提高作物产量。

5. 土壤

当今，为了解决连栋温室土壤的连作障碍、土壤酸化和土传病害等一系列问题，无土栽培越来越被人们推崇，栽培范围逐渐加大，尤其是花卉栽培已占大多数。果菜类蔬菜和鲜切花生产多用基质栽培，水培主要生产叶菜，其中以生菜面积最大。无土栽培能够克服土壤栽培的连作障碍、土壤酸化和土传病害等弊端，同时可以通过计算机系统自动控制，准确地提供作物在生长发育过程中所需要的各种营养元素的含量和水分数值，同时也为作物的根系提供良好的生长环境。

连栋温室是最先进、最完善、最高级的园艺设施，机械化、自动化程度很高，劳动生产率也很高。它是用工业化的生产方式进行园艺作物的生产，因此也被称之为工厂化农业。

四　连栋温室的应用

连栋温室主要应用在高产值大规模的园艺作物的生产上，包括果菜类蔬菜、花卉、果树、景观植物以及观赏类植物栽培和育苗等。世界上不少国家均已实现大规模连栋温室园艺作物生产，其中以荷兰最为突出。以花卉著称的荷兰60%以上的连栋温室均用于花卉生产，其余用于蔬菜等作物生产，蔬菜作物主要以番茄、黄瓜和辣椒为主，其生产方式较为先进，基本上全部实现了环境控制自动化，作物栽培无土化，生产工艺程序化和标准化，生产管理机械化和集约化，集中实现了高产和高品质，把连栋温室园艺作物生产应用到了高效的现代化水平。

我国的连栋温室主要用于花卉、瓜果和蔬菜的栽培和育苗上。目前与连栋温室利用率和现代化程度较发达的国家还有一定差距，但也已经实现了蔬菜作物生产的工业化，运用一系列现代管理手段，加快了蔬菜的生长速度，提高蔬菜产量，显示了现代化农业生产的先进性。沈阳蝴蝶兰花卉栽培基地，利用连栋温室栽培百种蝴蝶兰，运用程序化、机械化、标准化的生产方式，形成了较好的生产模式。

近年来，不断有一些城市利用连栋温室规划景观，使连栋温室形成一个能够进行旅游观光的场所，将园艺作物生产和景观相结合，加大了栽培和生产方式的宣传力度，又开发了当地旅游新产业。

—第三章—
棚室蔬菜栽培技术基础

第一节　棚室蔬菜播种技术

一　蔬菜种子及其特点

1. 蔬菜种子的定义（图3-1）

广义上的蔬菜种子，泛指一切可以用来播种进行繁殖的植物器

图3-1　主要蔬菜的种子形态

官或组织，包括植物学上的种子、果实、营养器官以及菌丝体。狭义上的蔬菜种子则专指植物学上的种子。

2. 蔬菜种子的形态与结构

蔬菜种子的大小差别很大，小粒种子的千粒重不足 1g，大粒种子的千粒重却高达 1000g。一般，豆类和瓜类蔬菜的种子比较大，千粒重为 100g 以上；绿叶蔬菜的种子相对较小，如芹菜、苋菜、莴苣种子的千粒重均不足 1g。种子大小影响着播种深度，一般大种子深播（如南瓜种子，土壤播种深度应为 3cm），小种子应浅播（如白菜种子，播种深度应为 1.5 ~ 2cm）。

3. 蔬菜种子的寿命和使用年限

蔬菜种子的寿命是指种子能保持其生命力的年限。种子寿命与种子在生产上的使用年限不同；生产上通常以能保持 60% ~ 80% 的发芽率的最长储藏年限为使用年限。一般储藏条件下，大部分蔬菜种子的寿命为 1 ~ 6 年，使用年限多为 1 ~ 3 年。种子寿命的长短，取决于本身的遗传特性及种子个体生理成熟度、结构、化学成分等因素，同时也受储藏条件的影响。在自然条件下，不同蔬菜种子的寿命差异很大（表 3-1）。

表 3-1　主要蔬菜的种子寿命与使用年限（单位：年）

蔬菜名称	寿　命	使用年限	蔬菜名称	寿　命	使用年限
大白菜	4 ~ 5	1 ~ 2	芜菁	3 ~ 4	1 ~ 2
甘蓝	5	1 ~ 2	根用芥菜	4	1 ~ 2
球茎甘蓝	5	1 ~ 2	菠菜	56	1 ~ 2
花椰菜	5	1 ~ 2	芹菜	6	2 ~ 3
芥菜	4 ~ 5	2	胡萝卜	5 ~ 6	2 ~ 3
萝卜	5	1 ~ 2	莴苣	5	2 ~ 3
洋葱	2	1	瓠瓜	2	1 ~ 2
韭菜	2	1	丝瓜	5	2 ~ 3
大葱	1 ~ 2	1	西瓜	5	2 ~ 3
番茄	4	2 ~ 3	甜瓜	5	2 ~ 3
辣椒	4	2 ~ 3	菜豆	3	1 ~ 2

蔬菜名称	寿　命	使用年限	蔬菜名称	寿　命	使用年限
茄子	5	2～3	豇豆	5	1～2
黄瓜	5	2～3	豌豆	3	1～2
南瓜	4～5	2～3	蚕豆	3	2
冬瓜	4	1～2	扁豆	3	2

4. 新陈种子鉴别方法

超过使用年限的种子称为陈种子，其发芽率与发芽整齐度往往达不到要求，对生产造成一些影响。因此，应该了解区别新陈种子的方法。一般主要有以下4种方法。

① 看：观察种子的颜色、光泽度等；陈种子色深，种皮暗，无光泽。

② 闻：一般种子气味清香，陈种子仔细闻起来有不同程度的霉味。

③ 搓：过了使用年限的陈种子容易脱皮。

④ 浸：新种子浸种水色浅，陈种子浸种水色深且浑浊。

二　种子的萌发

1. 萌发过程

种子发芽时，要经过下列几个主要步骤：吸胀（充分吸水）；滞缓期（种子内储藏物质的消化，养分的运转，呼吸代谢的增强）；萌发（胚根伸出种皮）。

2. 种子萌发对环境条件的要求

种子发芽需要适宜的温度、充足的水分与氧气，有些种子还需要有弱光。

（1）温度　各种蔬菜种子的发芽，都对温度有一定的要求。每种蔬菜发芽时都有其各自的最高温度、最适温度与最低温度，即"温度三基点"。喜温蔬菜，如茄果类、瓜类、豆类，发芽时的最高温度一般为40℃，最适温度为25～30℃，最低温度多为6～12℃；喜冷凉蔬菜，如白菜类、甘蓝类，发芽时的最高温度为40℃，最适宜的发芽温度为15～25℃，最低温度为0～6℃。

第三章　棚室蔬菜栽培技术基础

（2）水分　种子发芽必须吸收足量的水分。种子吸水量的多少，与种子的化学组成有很大的关系。一般而言，蛋白质含量高的种子，水分吸收量较多，而吸收速度也较快；以油脂和淀粉为主要成分的种子，水分吸收量较少，吸收速度也较慢。至于以淀粉为主要成分的种子，吸水量又更少些，吸水速度也更慢。如菜豆的吸水量为种子重量的105%，番茄为75%，黄瓜为52%。种子发芽时的水分并不是越多越好，一般土壤含水量在70%~80%即可满足发芽对水分的需求。

（3）氧气条件　一般来说，在供氧条件充足时，种子的呼吸作用旺盛，发芽较快。氧气供应与种皮紧实程度、土壤通透性与含水量有关。一般情况下，土壤水分含量越多，氧气就越少。

（4）光照条件　种子发芽中有的需要光，有的嫌光，有的对光线无反应。十字花科芸薹属中的蔬菜种子，菊科的莴苣、牛蒡、茼蒿，伞形科的胡萝卜、芹菜等的种子发芽都是需光的。而萝卜、茄果类、葫芦科蔬菜、叶用甜菜等对光线无反应。另外，在发芽温度适宜时光线的抑制或促进作用不明显，而发芽温度不适宜时，对光线要求严格。即便发芽需光的种子，一般只需弱光。

3. 种子休眠

有些种子必须经过休眠才能发芽。蔬菜生产中常用赤霉素（GA_3）来打破种子休眠。

三　蔬菜种子的质量鉴别

主要是对种子的纯度、饱满度、发芽率以及发芽势等方面进行鉴定。

1. 纯度鉴定

有田间检验和室内检验两种方法，生产上普遍采用的是室内检验法。室内检验以形态鉴定为主，根据种子形状、大小、色泽、花纹及种皮的其他特征，通过肉眼或放大镜进行观察，区别不同蔬菜种子。种子纯度的计算公式是：

$$种子纯度（\%）= \frac{供检验样品总重量 - 废子重量 + 杂质重量}{供检验样品总重} \times 100$$

优良种子的纯度应达到98%以上。

2. 发芽率和发芽势的测定

发芽率是指在规定的实验条件下，在较长时间内，正常发芽种子粒数占供试种子粒数的百分率。计算公式是：

$$种子发芽率(\%) = \frac{发芽种子粒数}{供试种子粒数} \times 100$$

甲级蔬菜种子的发芽率应达到 90% ~ 98%，乙级蔬菜种子的发芽率应达到 85% 左右。

发芽势是指种子的发芽速度和发芽整齐度，用规定天数内的种子发芽百分率来表示。计算公式是：

$$种子发芽势(\%) = \frac{规定天数内的发芽种子粒数}{供试种子粒数} \times 100$$

统计发芽种子数量时，凡是没幼根、幼根畸形、有根无芽、有芽无根毛者，以及种子腐烂者都不算发芽种子。蔬菜种子发芽率和发芽势的测定条件和规定天数，见表 3-2。

表 3-2　蔬菜种子发芽率和发芽势的测定条件和规定天数

蔬 菜 种 类	发芽温度/℃	光　　线	计算天数	
			发　芽　势	发　芽　率
番茄	25 ~ 30	黑暗	4	8
辣椒	20 ~ 30	黑暗	4	8
茄子	20 ~ 30	黑暗	6	10
黄瓜	30	黑暗	3	5
甘蓝	20 ~ 30	黑暗	3	5
花椰菜	20 ~ 25	黑暗	3	5
芹菜	21	黑暗	7	12
莴苣	15 ~ 20	黑暗、散射光	5	10
西瓜	35	黑暗	4	10
甜瓜	32	黑暗	3	8
菜豆	20 ~ 25	黑暗	4	8
白菜	20 ~ 30	黑暗	3	5
葱类	18 ~ 25	黑暗	5	10

第三章　棚室蔬菜栽培技术基础

四 种子播种前处理

1. 浸种

浸种是将种子浸泡在一定温度的水中或营养液、激素、农药等溶液中，使其吸水膨胀，达到萌芽所需的基本水量，或同时达到补充微量元素、打破休眠等其他目的。

（1）水浸种 常用的有温汤浸种和热水烫种。

1）温汤浸种。先用温水泡湿种子，再用 $55 \sim 60℃$ 的温汤浸种 $10 \sim 15min$，之后自然冷却，并按不同种子进行不同时间的浸泡。由于 $55℃$ 是大多数病菌的致死温度，$10min$ 是在致死温度下的致死时间。因此，温汤浸种对种子具有灭菌作用。

2）热水烫种。将充分干燥的种子投入 $75 \sim 80℃$ 的热水中，快速烫种 $3 \sim 5s$，之后加入凉水，降低温度，转入温汤浸种，或直接转入一般浸种。该浸种法通过热水烫种，使干燥的种皮产生裂缝，有利于水分进入种子。因此，促进种子吸水效果比较明显，适用于种皮厚、吸水困难的种子，如西瓜、冬瓜、丝瓜、苦瓜等。种皮薄的种子不宜采用此法，避免烫伤种胚。

浸种时应注意以下几点：第一，要把种子充分淘洗干净，除去果肉物质后再浸种；第二，浸种过程中要勤换水，保持水质清新，一般每 $12h$ 换 1 次水为宜；第三，浸种时间要适宜。主要蔬菜浸种催芽的适宜温度与时间，见表3-3。

表3-3 主要蔬菜浸种催芽的适宜温度与时间

蔬菜种类	浸种		催芽		蔬菜种类	浸种		催芽	
	水温/℃	时间/h	温度/℃	天数		水温/℃	时间/h	温度/℃	天数
黄瓜	$25 \sim 30$	$8 \sim 12$	$25 \sim 30$	$1 \sim 1.5$	甘蓝	20	$3 \sim 4$	$18 \sim 20$	1.5
西葫芦	$25 \sim 30$	$8 \sim 12$	$25 \sim 30$	2	花椰菜	20	$3 \sim 4$	$18 \sim 20$	1.5
番茄	$25 \sim 30$	$10 \sim 12$	$25 \sim 28$	$2 \sim 3$	芹菜	20	24	$20 \sim 22$	$2 \sim 3$
辣椒	$25 \sim 30$	$10 \sim 12$	$28 \sim 30$	$4 \sim 5$	菠菜	20	24	$15 \sim 20$	$2 \sim 3$
茄子	30	$20 \sim 24$	$28 \sim 30$	$6 \sim 7$	冬瓜	$25 \sim 30$	$12 + 12^*$	$28 \sim 30$	$3 \sim 4$

注：* 第一次浸种的，晾 $10 \sim 12h$ 再浸第二次。

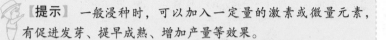

【提示】 一般浸种时，可以加入一定量的激素或微量元素，有促进发芽、提早成熟、增加产量等效果。

（2）激素浸种 常用的激素有赤霉素、乙烯利、吲哚乙酸（IAA）、烯效唑等。激素的主要作用为：一是打破种子休眠，如用150mg/kg的赤霉素处理茄子砧木托鲁巴姆；二是促进种子发芽，如用500mg/kg的乙烯利处理莴苣种子，可以促进种子在高温季节发芽；三是防止幼苗徒长，培育壮苗，如用20mg/kg的烯效唑浸种黄瓜，可以使幼苗高度降低29.9%。

（3）渗透剂浸种 也称为种子引发，是一种人为控制种子引水速度、使种子缓慢吸水，从而完成发芽前的准备（但不发芽）的方法。此法有较好的促进种子萌发、提高发芽势并提高幼苗抗性的作用。如用赤霉素（150mg/L）+ KNO_3（0.15mol/L）溶液处理茄子陈种子，发芽势可以提高87%。

2. 催芽

催芽是将浸泡过的种子，放在适宜的温度、湿度和氧气条件下，促使其迅速发芽。催芽期间，一般每6～8h松动种子包1次，每天用温清水淘洗1次，除去黏液和呼吸热，补充水分。当大部分种子露白时，停止催芽，准备播种。若遇恶劣天气不能及时播种时，应将种子放在5～10℃低温环境下，保湿待播。变温催芽有利于提高幼苗的抗寒性和提高种子的发芽整齐度。变温催芽是将要发芽的种子，每天分别在28～30℃和16～18℃的温度条件下，放置12～18h和6～12h，直至出芽。

3. 种子药剂处理

（1）药剂拌种法 用颗粒较细的药粉拌种，用药量为种子重量的0.3%～0.4%。把干种子与药粉混合后，装入罐子内，充分摇动5min以上，让药粉均匀地粘在种子上。常用农药有敌克松、福美双、多菌灵等。拌过药粉的种子不宜浸种和催芽，应直接播种，也可以储藏起来，待条件适宜时再播种。

（2）药剂浸种法 浸种后催芽前，用一定含量的药剂浸泡种子进行消毒。常用农药有多菌灵、甲醛、高锰酸钾、磷酸三钠等。消毒后，用清水将种子上的残留药液清洗干净，再催芽。

第二节　棚室蔬菜育苗技术

根据育苗是否采用保护措施，分为设施育苗和露地育苗；根据是否嫁接，分为自根苗与嫁接苗；根据育苗基质类型，分为床土育苗和无土育苗；根据根系有无保护措施，分为常规床土育苗、营养钵护根育苗和穴盘育苗。下面对常见育苗技术进行介绍。

一　常规床土育苗技术

1. 育苗土的配制

优良的育苗土应具备以下条件：含有丰富的有机质，有机质含量不少于30%；疏松通气，具有良好的保水、保肥性能；浇水时不板结，干时不裂，总孔隙60%左右；营养全面充足，要求含速效氮100～200mg/kg、速效磷150～200mg/kg、速效钾100～150mg/kg，并含有钙、镁和多种微量元素；pH为6.5～7；无病菌、虫卵，无其他杂物。

配制育苗土的原料主要有田土、腐熟的有机肥、细沙或过筛细炉渣、复合肥（氮磷钾比例大致相近，最好粉碎后使用）等。

① 田土应该用3～4年内未种过茄果类、瓜类及马铃薯等的菜田土或大田土。豆茬地块土质比较肥沃，葱蒜茬地块的病菌数量少，均为理想的育苗用土。另外，所取土壤应无污染、无除草剂等。

② 适合育苗用的有机肥主要是马粪、猪粪等质地较为疏松、速效氮含量低的粪肥，鸡粪、鸽粪、兔粪、油渣等高含氮有机肥容易引起菜苗旺长，施肥不当时也容易发生肥害，应慎重使用。有机肥必须充分腐熟并捣碎后才能用于育苗。

③ 细沙和炉渣的主要作用是调节育苗土的疏松度，增加育苗土的空隙。

④ 复合肥主要弥补有机肥中速效养分含量低、供应强度低的问题。一般播种床土每立方米的总施肥量为1kg左右，分苗床土为2kg左右。

苗床所用育苗土的一般配方比例如下。

① 播种床土配方：田土 6 份，腐熟有机肥 4 份。土质偏黏时，应掺入适量的细沙或炉渣。

② 分苗床土配方：田土或园土 7 份，腐熟有机肥 3 份。分苗床土应具有一定的黏性，以便从苗床中起苗或定植取苗时不散土。

园土和有机肥过筛后，掺入粉碎的复合肥（1kg/m³），多菌灵或甲基硫菌灵（150g/m³）、杀虫剂若干，并充分拌和均匀，上用薄膜封严，堆置 7 ~ 10 天后使用。然后均匀铺在育苗床内；播种床铺土厚 10cm，分苗床铺土厚 12 ~ 15cm。

2. 苗床播种

播前先对种子进行处理。低温期选晴暖天气的上午播种。播前浇足底水，水渗下后，在床面薄薄撒盖一层育苗土，防止播种后种子直接黏到湿漉漉的畦土上，发生糊种。也可以第一天浇透水后，第二天再进行播种。播种前将苗床浇透水，在育苗前期，甚至在整个育苗期可以不再浇水，以减小土壤表层温度，降低病害的发生概率。小粒种子用撒播法，大粒种子一般用点播法。也可以依照不同作物种类，在苗床上按要求画格子，将种子播在画好的格子中间。催芽的种子表面潮湿，不易撒开，可用细沙或草本灰拌匀后再撒，注意动作要轻，不能把芽弄断。播后覆土，并用薄膜平盖畦面。

3. 出苗期间的管理

此期的中心任务是努力创造良好条件，保证快速、整齐地出苗。主要问题是在寒冷季节，在浇足底水的基础上，想方设法地提高苗床温度。一般当超过 50% 的幼苗出土时，及时去除薄膜，以免产生高温烤苗或幼苗快速徒长的情况。另外，当发现苗床土裂缝或幼苗"戴帽"出土时，应该用湿润的苗床土将裂缝填实，并用其覆盖未出芽的种子以防止更多幼苗出现"戴帽"出土的现象。

4. 苗期管理

（1）温度管理　苗期温度管理的重点是掌握好"三高三低"，即"白天高，夜间低；晴天高，阴天低；出苗前、移苗后高，出苗后、移苗前和定植前低"。各阶段的具体管理要点如下。

1）出苗后至第一片真叶展开。出苗后，适当降温，把白天和夜间的温度分别降低 3 ~ 5℃，防止幼苗的下胚轴旺长，形成高脚苗。

特别是对于容易徒长的瓜类蔬菜而言，必须做好防止幼苗徒长的工作。另外一个主要任务是预防猝倒病的发生，降低湿度，特别是土壤表面的湿度；增强光照。

2）第一片真叶展开至分苗。第一片真叶展开后，白天应保持适温，夜间则适当降低温度，使昼夜温差达到10℃以上，以提高果菜的花芽分化质量，增强抗寒性和抗病性。分苗前一周降低温度，对幼苗进行短时间的低温锻炼。

3）分苗至定植。分苗后几天里应提高苗床温度，促早缓苗，适宜温度是白天25～30℃，夜间20℃左右。缓苗后降低温度，果菜类白天25～28℃，夜间15～18℃；叶菜类白天20～22℃，夜间12～15℃。定植前7～10天，应逐渐降低温度，进行炼苗。果菜类白天降到15～20℃，夜间5～10℃；叶菜类白天10～15℃，夜间1～5℃。

(2) 湿度管理　育苗期间的水分管理，可按以下几个阶段进行。

1）播种至分苗。播种前浇足底水后，到分苗前一般不再浇水。

2）分苗。分苗前1天视情况适当浇水，以利起苗。栽苗时要注意浇足稳苗水，缓苗后再浇1次透水，促进新根生长。

3）分苗至定植。此期适宜的土壤湿度以地面见干见湿为宜。对于幼苗生长迅速、根系比较发达、吸水能力强的蔬菜，如番茄、甘蓝等，为防其徒长，应严格控制浇水。对幼苗生长比较缓慢、育苗期间需要保持较高温度和湿度的蔬菜，如茄子、辣椒等，水分控制不宜过严。

为防止病害的发生，当床面湿度过大时，可以采取以下措施降低湿度：一是加强通风，促进地面水分蒸发；二是向畦面撒盖干土，用干土吸收地面多余的水分。

(3) 光照管理　低温期可以采用以下措施改善设施内的光照条件。

1）经常保持采光面清洁。

2）做好草苫的揭盖工作。在满足温度需要的前提下，尽可能地早揭、晚盖草苫，延长苗床内的光照时间。白天草苫应尽量上卷，以减少遮光，增加温室进光量。

3）搞好间苗和分苗。幼苗密集时，互相遮阴，会造成幼苗徒长，应及时进行间苗或分苗，以增加营养面积，改善光照条件。

（4）分苗 此期一般分苗1次。早春气温低时，应采用暗水法分苗，即先按行距开沟、浇水，并边浇水边按株距摆苗，水渗下后覆土封沟。高温期应采用明水法分苗，即先栽苗，全床栽完后浇水。

分苗后因幼苗根系损失较大，吸水量减少，应适当浇水，防止萎蔫，并提高温度，促发新根。光照强时，应适当遮阴。

（5）其他管理 在育苗过程中，当幼苗出现缺肥症状时，应及时追肥。追肥以施叶面肥为主，可用含氨基酸全营养叶面肥，有时也可用0.1%的尿素或0.1%的磷酸二氢钾溶液等进行叶面喷肥。

补充气肥：苗期追施二氧化碳，不仅能提高苗的质量，而且能促进果菜类的花芽分化，提高花芽质量。适宜的二氧化碳施肥含量为 $800 \sim 1000 mL/m^3$（mg/L）。

定植前的切块和囤苗能缩短缓苗期，促进早熟丰产。一般囤苗前2天将苗床灌透水，第2天切方。切方后，将苗起出并适当加大苗距，放入原苗床内，以湿润细土弥缝保墒进行囤苗。囤苗时间不可过长（7天左右），囤苗期间要防淋雨。

二 嫁接育苗技术

1. 嫁接育苗的意义

蔬菜嫁接育苗，通过选用根系发达、抗病、抗寒、吸收力强的砧木，可有效地避免和减轻土传病害的发生，并且能提高蔬菜对肥水的利用率，增强蔬菜的耐寒、耐盐等方面的能力，从而达到增加产量、改善品质的目的。以西瓜为例，嫁接后的西瓜基本可以完全杜绝枯萎病的发生，在低于15℃的条件下仍可生长，并且产量比自根苗增加1倍以上。

2. 主要嫁接方法

蔬菜的嫁接方法比较多，常用的主要是靠接法、插接法和劈接法等几种。

靠接法是将粗度基本相近的接穗苗与砧木苗靠在一起，通过切口咬合成一株苗，并在切口处用专用嫁接夹固定。此法操作方便，接穗和砧木均带自根，嫁接苗成活率高，一般成活率在90%以上。靠接法的主要缺点是嫁接部位偏低，防病效果较差，工序稍复杂，

主要用于不以防病为主要目的蔬菜嫁接，如黄瓜、丝瓜等。

插接法是用竹签或金属签在砧木苗茎的顶端或上部插孔，把削好的接穗苗茎插入孔内而组成一株嫁接苗。采用插接法的嫁接苗其嫁接部位高，远离地面，防病效果好，但因为接穗是采取断根嫁接，环境条件管理不当时，容易萎蔫，成活率不易保证，主要用于以防病为主要目的的蔬菜嫁接，如西瓜、甜瓜等。由于插接法插孔时，容易插破苗茎，因此苗茎细硬的蔬菜不适合采用插接法。

劈接法是将砧木苗茎去掉生长点后，用刀片由顶端将苗茎纵劈一刀，把削好的接穗插入并固定后形成一株嫁接苗。此法所得的嫁接苗其嫁接部位也比较高，防病效果好，但对蔬菜接穗的保护效果不及插接法的好，主要用于苗茎细硬的蔬菜防病嫁接，如茄果类蔬菜嫁接。

3. 嫁接砧木

目前蔬菜上应用的砧木主要是一些蔬菜野生种、半栽培种或杂交种。优良砧木应具备以下条件：与接穗品种的嫁接亲和性强并且稳定；对接穗品种的土传病害免疫或抗性强；能明显提高接穗品种的生长势，增强抗逆性；对接穗品种的品质无不良影响或不良影响小。主要蔬菜常用嫁接砧木与嫁接方法，见表3-4。

表3-4　主要蔬菜常用嫁接砧木与嫁接方法

蔬菜名称	常用砧木	常用嫁接方法	主要嫁接目的
黄瓜、丝瓜、西葫芦、苦瓜等	黑籽南瓜、杂交南瓜	靠接法、插接法	低温期增强耐寒能力
西瓜	瓠瓜、杂交南瓜	插接法、劈接法	防病
甜瓜	野生甜瓜、黑籽南瓜	插接法、劈接法	防病
番茄	野生番茄	劈接法、靠接法	防病
茄子	野生茄子	劈接法、靠接法	防病

4. 嫁接前准备

蔬菜嫁接应在温室或塑料大棚内进行，场地内的适宜温度为25～30℃、空气湿度90%以上，并用草苫或遮阳网将地面遮成花荫。

嫁接用具主要有：

1）刀片：用来切削蔬菜苗和砧木苗的接口，切除砧木苗的心叶和生长点。一般使用双面刀片。为方便操作，对刀片应按图3-2所示进行处理。

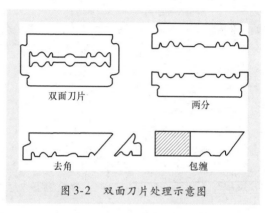

双面刀片

两分

去角

包缠

图3-2 双面刀片处理示意图

2）竹签：用来挑除砧木苗的心叶和生长点，以及砧木苗茎插孔。一般用竹片自行制作。先将竹片切成宽0.5~1cm、长5~10cm、厚0.4cm左右的片段，再将一端（孔端）削成图3-3所示的形状，

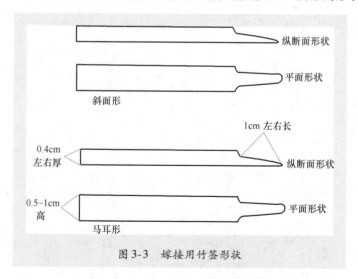

纵断面形状

平面形状

斜面形

1cm左右长

0.4cm
左右厚

纵断面形状

0.5~1cm
高

马耳形

平面形状

图3-3 嫁接用竹签形状

然后用砂布将竹签打磨光滑。插孔端的粗度应与蔬菜苗茎的粗度相当或稍大一些，若蔬菜苗的大小不一致，苗茎粗度差别较大，可多备几根粗细不同的竹签选用。

3）嫁接夹：用于固定嫁接苗的接合部位。目前多用塑料夹，可以在市场购买。

4）其他：还应准备运苗箱（运送嫁接用苗及嫁接苗）、水桶、水盆、工作台、工作凳、塑料膜及拱棚支架等。另外，在现代化程度较高的国家和地区，随着劳动力成本的提高、育苗量的增大及现代工业技术的发展，出现了代替人工操作的嫁接机器。现代嫁接机器集机械、自动控制与设施园艺技术于一体，能完成砧木和接穗的取苗、切苗、接合、固定、排苗等嫁接过程的自动化作业。操作人员只需把砧木和接穗放到相应的供苗台上，其余嫁接作业均由机器人自动完成。这种嫁接机器又被称作嫁接机器人，售价较高，对种苗的一致性要求较高，因而在实际生产中，嫁接机器人应用较少。

5. 嫁接技术

（1）靠接法操作要点　靠接法应选苗茎粗细相近的砧木和蔬菜苗进行嫁接。如果两苗的茎粗相差太大，应错期播种，进行调节。靠接过程包括砧木苗去心和苗茎切削、蔬菜苗茎切削、切口接合及嫁接部位固定等几道工序，见图3-4。

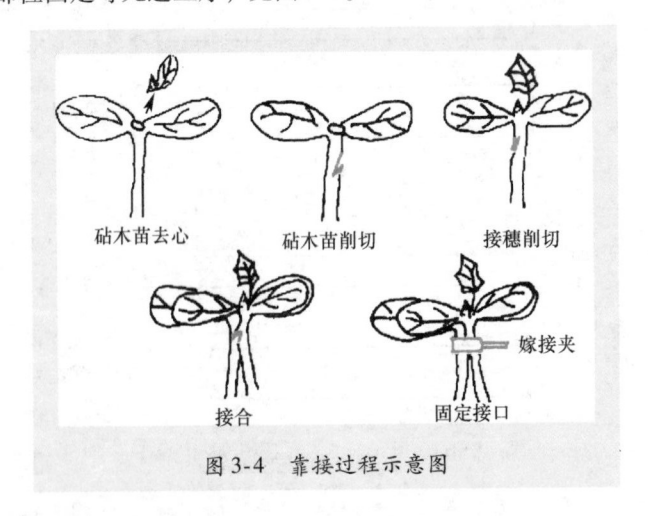

图3-4　靠接过程示意图

（2）**插接法操作要点**　普通插接法所用的砧木苗茎要较蔬菜苗茎粗1.5倍以上，主要是通过调节播种期使两苗茎粗达到要求。插接过程包括砧木去心、插孔、蔬菜苗切削、插接等几道工序，见图3-5。

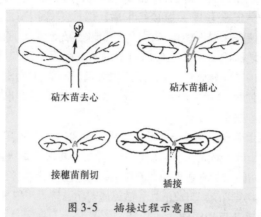

砧木苗去心　　　　砧木苗插心

接穗苗削切　　　　插接

图3-5　插接过程示意图

（3）**劈接法操作要点**　劈接法对蔬菜和砧木的苗茎粗要求不甚严格，视两苗茎的粗细差异程度，一般又分为半劈接（砧木苗茎的切口宽度为苗茎粗度的1/2左右）和全劈接两种形式。砧木苗茎较粗、蔬菜苗茎较细时采用半劈接；砧木与接穗的苗茎粗度相当时用全劈接。劈接的操作过程包括砧木苗茎去心、劈接口、插接、固定接口等几道工序，见图3-6。

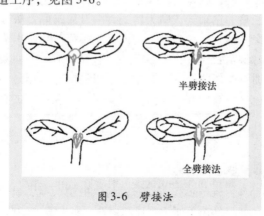

半劈接法

全劈接法

图3-6　劈接法

6. 嫁接苗管理要点

（1）温度管理 嫁接后 8~10 天为嫁接苗的成活期，对温度要求比较严格。此期的适宜温度是白天在 25~30℃，夜间为 20℃左右。嫁接苗成活后，对温度的要求不甚严格，按一般育苗法进行温度管理即可。

（2）空气湿度管理 嫁接结束后，随即把嫁接苗放入苗床内，并用小拱棚覆盖保湿，使苗床内的空气湿度保持在 90% 以上，不足时要向畦内地面洒水，但不要向苗上洒水或喷水，避免污水流入接口内，引起接口染病腐烂。3 天后适量放风，降低空气湿度，并逐渐延长苗床的通风时间，加大通风量。嫁接苗成活后，撤掉小拱棚，按一般育苗方法管理。

（3）光照管理 嫁接当天及嫁接后头 3 天内，要用草苫或遮阳网把嫁接场所和苗床遮成花荫。从第四天开始，要求于每天的早晚让苗床接受短时间的太阳直射光照，并随着嫁接苗的成活生长，逐天延长光照的时间。嫁接苗完全成活后，撤掉遮阴物，转入一般育苗管理。

（4）嫁接苗自身管理

1）分床管理。一般嫁接后第 7~10 天，把嫁接质量好、接穗苗恢复生长较快的苗集中到一起，在培育壮苗的条件下进行管理；把嫁接质量较差、接穗苗恢复生长也较慢的苗集中到一起，继续在原来的条件下进行管理，促其生长，待生长转旺后再转入培育壮苗的条件下进行管理。对已发生枯萎或染病致死的苗要从苗床中剔出。

2）断根。靠接法嫁接苗在嫁接后的第 9~10 天，当嫁接苗完全恢复正常生长后，选阴天或晴天傍晚，用刀片或剪刀从嫁接部位下把接穗苗茎紧靠嫁接部位切断或剪断，使接穗苗与砧木苗相互依赖进行共生。嫁接苗断根后的 3~4 天内，接穗苗容易发生萎蔫，要进行遮阴，同时在断根的前 1 天或当天上午还要将苗钵浇一次透水。

3）去萌蘖和抹根。砧木苗在去掉心叶后，其苗茎的腑芽能够萌发长出侧枝，要随时长出随时抹掉。另外，接穗苗茎上也容易产生不定根，不定根也要随时发生随时抹掉。

三 容器护根育苗技术

利用各种容器育苗不仅可以有效地保护根系不受损伤，改善苗期营养状况，而且幼苗也便于管理和运输，实现蔬菜幼苗的批量化、商品化生产。

　　容器育苗一般可以使培养土与地面隔开，幼苗根系局限在容器内，不能吸收利用土壤中的水分，要增加灌水次数，防止幼苗干旱。使用纸钵育苗时，钵体周围均能散失水分，易造成苗土缺水，应用土将钵体间的缝隙弥严。容易育苗的种类，其苗龄要掌握在与钵体大小相适应，避免因苗体过大营养不足而影响幼苗的正常生长发育。为了保持苗床内幼苗发展均衡一致，育苗过程中要注意倒苗。倒苗的次数依苗龄和生长差异程度而定，一般为 1~2 次。

　　目前常用的育苗容器主要是塑料钵，可根据不同的蔬菜种类、预期苗龄选择相应规格（直径和高度）的塑料钵。此外，还可以用育苗块、纸钵、育苗袋、薄膜筒等容器进行育苗。

　　（1）塑料钵　目前主要用聚乙烯制成的单体软质圆形钵，上口直径和钵高均为 8~14cm，下口直径 6~12cm，底部有一个或多个渗水孔利于排水。塑料钵在现代育苗中仍有较多应用，花卉与林木育苗时，使用较多；蔬菜育苗时，喜好大苗定植的种植户，一直愿意使用口径 8~12cm 的塑料钵。

　　（2）聚氨酯泡沫育苗块育苗（图3-7）　将聚氨酯育苗块平铺在不漏水的育苗盘上，每一块育苗块又分切为仅底部相连的小方块，每一小方块上部的中间有一"X"形的切缝。将种子逐个放入每一个小方块的切缝中，然后在育苗盘中加入营养液，直至浸透育苗块后，育苗盘内保持有 0.5~1cm 厚的营养液层为止。待出苗之后，可将每一育苗小块从整个育苗块中掰下来，然后定植到水培或基质培的种植槽中。

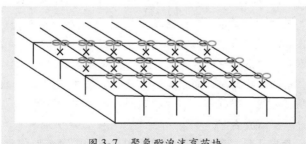

图 3-7　聚氨酯泡沫育苗块

（3）**基菲（Jiffy）育苗块育苗（图3-8）** 这是由挪威最早生产的一种由30%纸浆、70%泥炭混入一些肥料及胶黏剂压缩成圆饼状的育苗小块，外面包以有弹性的尼龙网，直径约4.5mm，厚约7mm。育苗时把它放在不漏水的育苗盘中，然后在育苗块中插入种子，浇水使其膨胀，每一块育苗块可膨胀至约4cm厚。这种育苗方法很简单，但只适用于瓜果类作物，如果用于叶菜类的育苗则不够经济。

图3-8　基菲育苗块及育苗效果图

（4）**蜂窝育苗筒袋** 筒袋有纸质的，也有塑料的，可折叠。有一些蜂窝袋是无底的，称为蜂窝育苗筒，放入蜂窝筒的营养土直接与土壤接触，幼苗长势好，但移苗时易伤根。一般育苗时，先做苗床，苗床做好后用药剂喷洒床面，再将蜂窝营养袋铺在床面上，用竹筷先固定好一端，再拉展固定好两侧，固定好后再装土，动作要轻，装满土后轻轻刮平，再将竹筷拔出；之后在袋内进行播种育苗。

（5）**无纺布育苗袋** 不仅透气、透水，而且根可以穿透育苗袋，对有的作物可以进行空气修根；用此种方式育苗，作物根系自由伸展，没有互相缠绕和窝根现象。穿透育苗袋的侧根，经过多次空气修根后，根的长度缩短，而根的数量则大大增加。另外，制作无纺布袋的材料一般可以降解，苗木移栽时不需要脱掉容器，不需要缓苗，可显著提高成活率。

（6）**育苗平盘** 多为塑料制成的大小不同的育苗专用盘，由于盘内没有分隔，可用于培育子苗，然后再进行分苗，也多用于培育使用插接法嫁接育苗用的接穗。盘底有孔，防止积水沤根。

四 无土育苗技术

蔬菜无土育苗，根据应用设备和主要技术规格的不同，分为新法快速育苗和穴盘育苗两种。

1. 新法快速育苗技术

新法快速育苗的基本程序包括装盘播种、催芽出苗、绿化、分苗、成苗五个阶段。

（1）育苗基质的选择　育苗基质是用来固定根系、支持幼苗生长的物质，主要材料有沙、炉渣、碳化稻壳、蛭石、珍珠岩、草炭等。各种基质可以单独使用，也可以按一定比例互相混合使用。

（2）营养液的配方　有简单配方和精细配方两种。

1）简单配方。简单配方主要是为菜苗提供必需的大量元素和铁，微量元素则依靠浇水和育苗基质来提供，无土育苗营养液的简单配方，见表3-5。

表3-5　无土育苗营养液的简单配方（单位：mg/L）

营 养 元 素	用　　量	营 养 元 素	用　　量
四水硝酸钙	472.5	磷酸二铵	76.5
硝酸钾	404.5	螯合铁	10
七水硫酸镁	241.5		

2）精细配方。精细配方是在简单配方的基础上，加进适量的微量元素。主要微量元素的用量如下：硼酸：1.43mg/L；四水硫酸锰：1.07mg/L；七水硫酸锌：0.11mg/L；五水硫酸铜：0.04mg/L；四水钼酸铵：0.01mg/L。

除上述的两种配方外，目前生产上还有一种更为简单的营养液配方，该配方是用氮磷钾三元复合肥（N-P-K含量为15-15-15）为原料，子叶期用0.1%的溶液浇灌，真叶期用0.2%~0.3%的溶液浇灌。该配方主要用于营养含量较高的草炭、蛭石混合基质育苗。

（3）育苗方法　育苗前要先对育苗场地和主要用具进行消毒。温室、大棚可以用硫黄熏蒸，育苗盘等用具可以用50~100倍的甲

第三章　棚室蔬菜栽培技术基础

醛溶液消毒，然后用清水多洗几遍晾干。基质一般不必消毒，但对已污染的基质则可以用0.1%~0.5%的高锰酸钾或100倍甲醛溶液消毒。消毒后均应充分洗净，以免对幼苗造成危害。

将育苗盘放入2~3cm厚的基质中整平。用清水浇透基质后，均匀撒播已催芽或浸种的种子，覆盖基质0.5~1cm。播后置于电热催芽室，温度控制在种子萌发出土的适宜范围内。幼苗出土后，立即把育苗盘移入温室绿化，适当降温。

子叶展平后，及时浇灌营养液。为防伤苗，应在浇营养液后喷洒少量清水。营养液浇灌量以基质全部湿润，底部有1~2cm的营养液层即可。3~4天浇1次营养液，中间基质过干可补浇清水。移苗前先浇透营养液，移苗后经常保持1~2cm深的液层，定植前一周减少供液量，并进行幼苗锻炼。

2. 穴盘育苗技术

穴盘育苗是以草炭、蛭石等轻质材料做基质，采用机械化精量播种，一次成苗的现代化育苗体系。

(1) 育苗所需设备 主要有精量播种系统、穴盘、基质、育苗床架及肥水供给系统。

1) 精量播种系统。以精量播种机为主体（图3-9），主要有机械转动式和真空气吸式两种。机械转动式对种子的形状要求严格，种子需要丸粒化后方能使用；真空气吸式则对种子形状要求不严格，种子不必进行丸粒化加工。

图3-9　精量播种机

自动精量播种流水生产线装置是大型工厂化育苗的核心设备，由育苗穴盘摆放机、送料及基质装盘机、压穴及精播机、覆土和喷淋机等五大部分组成。一般精量播种机每小时可播种1000~1200盘。

2）穴盘。其材质有聚乙烯、聚丙烯、聚苯乙烯三种。穴孔可以是圆形、方形、圆角方形、六边形或八边形，六边形、方形穴盘的穴孔容积比圆形穴孔大。

国内厂家生产的穴盘尺寸一般长为54cm，宽为27cm，因穴孔的直径大小而不同，穴孔数有18~800不等（图3-10）。一般育中、大型苗时，可用50孔；育中、小型幼苗，则以72~288孔的穴盘较为经济。常见的有50孔、72孔、84孔、128孔、200孔、288孔等规格。孔数越多，穴孔越小，即每株幼苗所拥有的营养面积越小。穴孔越小，穴盘苗对基质中的温度、养分、氧气等变化越敏感。通常，穴盘孔越深，越有利于穴孔中的基质透水，基质中的空气越多，越

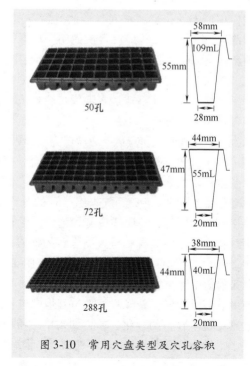

图3-10 常用穴盘类型及穴孔容积

有利于根系的生长。有些穴盘在穴孔间还有通风孔，这样空气可以在植株之间产生流动，减小植株叶片下的空气湿度，进而可减少病害的发生。番茄、茄子、黄瓜育苗用72孔穴盘，辣椒、甘蓝、花椰菜等选用128孔穴盘，生菜、芹菜、芥菜等选用288孔穴盘。

穴盘颜色影响植株根部温度，黑色穴盘吸热，在冬春季节育苗有利于幼苗根区升温；灰色或白色穴盘，会反射光照，可以避免根部温度过高。市场上还会见到透明穴盘，这种穴盘质量一般较差，且不利于根系生长。

穴盘根据质量不同一般可以使用1~3年；厚度薄、质地脆的大多使用1年，厚度大、韧性强的可以使用2~3年。聚苯乙烯泡沫穴盘有穴孔，但底部是平板状的，这种穴盘可以为根系创造一个较为稳定的温度条件，利于根系生长，且使用年限较长；其缺点是不可叠放，存放时占用了大量空间。

穴盘再次使用时必须消毒，将穴盘上的残留基质清除干净后，放在消毒剂中浸泡15~20min后即可再次使用。消毒剂不要用漂白剂，因为有些塑料会吸收氯，而氯与聚苯乙烯作用会产生有毒物质，影响幼苗生长。现在，育苗企业更愿意使用一次性的穴盘，对于企业来说，使用一次性的穴盘并不会过多地增加企业成本，因为旧穴盘的回收与消毒均会耗费较多的人工，而一次性穴盘可以省去这些过程，且实际生产效果表明，新穴盘会让幼苗生长得更好。

3）育苗基质。选择的基质应具有良好物理条件，能满足根系对养分、水分以及空气的要求，容重应小于或等于1，总空隙度大于60%，其中大空隙度占20%~30%，气水比在1:（2~4）内为宜，且来源丰富、价格便宜。同时，基质还应有稳定的化学性质，基质溶出物不能危害幼苗生长，不能含有对人类有毒的物质，不能与营养液的盐类发生影响幼苗正常生长的化学反应，不能使pH上升到使幼苗发生生理障碍的程度，对盐类有一定的缓冲能力。

有机基质一般容重较轻，易降解，需与其他的有机或无机基质混合使用以达到更适于育苗的理化性质，如果单一使用芦苇末做基质，存在容重小、作物易倒伏、大孔隙多的缺点，但有机质含量高、保水性强；而无机基质如炉灰渣，容重较大、持水量较低、总孔隙度（AFP）较小、通气性好、吸附能力强且有一定的保肥性，但保水性差、不含有机质。研究表明，在芦苇末中添加炉渣的基质能改善单一芦苇末过轻的弊端，缓解保水与通气的矛盾，其容重从0.38增大到0.5左右，大小孔隙比由1.12降至0.5左右。

实际生产上，多使用2~3种基质混合配制成复合基质进行育苗，以改善基质的理化性状，提高育苗效果。

复合基质常指几种单一基质按不同比例混合而成的基质，既可以无机基质相混合，也可以无机基质与有机基质混合或有机基质相混合。由于复合基质由结构性质不同的单一基质混合而成，因此它可以扬长避短，克服它们各自的缺点，在水、气、肥协调方面优于单一基质。合理配比的复合基质具有优良的理化性质，有利于提高育苗效果。复合基质中各单一基质比例不同，往往会对其理化性质产生较大的影响。当复合基质中含有较少的草炭纤维时，AFD减少，而当其含量达到25%以上时，AFP会逐渐增大。随着两种基质的比例不同，其容重、pH、渗透率、CEC等均有较大变化。当前，美国、加拿大诸国商品性的育苗基质都采用复合基质。许多复合基质研究是以草炭为主进行的。近年随着草炭的价格上涨，许多学者就其他基质配比也做了一些研究。常用的混合基质组配体积比和理化性质，见表3-6~表3-9。

表3-6　草炭系复合基质的组配体积比（%）

混合基质配方编号	草炭	蛭石	炉渣灰	珍珠岩
1	20	20	50	10
2	30	20	50	—
3	40	20	20	20
4	50	50	—	—
5	50	—	50	—
6	60	—	20	20
7	40	30	10	20
8	50	30	20	—

表3-7　非草炭系复合基质的组配体积比（%）

混合基质配方编号	棉籽壳	糠醛渣	蛭石	猪粪	炉渣灰
1	40	20	20	—	20
2	40	20	20	20	—
3	50	—	50	—	—
4	50	—	30	20	—
5	50	—	—	50	—
6	60	—	—	20	—
7	60	10	30	—	—
8	70	20	—	10	—
9	60	20	—	—	20
10	60	—	20	—	20

表3-8　几种常见混合基质物理特性

基质配比	密度/(g/cm³)	相对密度	总孔隙度（%）	通气孔隙量（%）	持水孔隙（%）	水气比	持水量/(g/100g)
草炭:蛭石 (2:1)	0.380	2.60	85.38	23.63	61.75	2.61	268
蛭石:有机肥:炉渣灰 (7:2:1)	0.664	2.60	74.43	4.257	0.181	6.51	111
草炭:细沙 (1:1)	0.919	2.53	63.68	7.925	5.76	7.04	64
有机肥:细沙 (1:1)	0.930	2.47	62.29	6.005	6.29	9.38	63
蛭石:炉渣灰 (1:1)	0.766	2.55	69.90	4.886	5.021	3.32	85

表3-9　几种常见复合基质化学特性

基质配比	pH	EC /（mS/cm）	TDS /（mg/L）	有机质 （%）	速效 N /（mg/kg）	速效 P /（mg/kg）	速效 K /（mg/kg）
草炭:蛭石 （2:1）	5.7	0.26	181	15.73	654.50	75.81	70
蛭石:有机肥: 炉渣灰（7:2:1）	6.7	1.66	1135	4.76	97.43	143.30	155
草炭:细沙 （1:1）	6.6	0.25	174	3.68	236.07	42.56	20
有机肥:细沙 （1:1）	6.8	3.18	2370	6.56	387.42	651.12	1788
蛭石:炉渣灰 （1:1）	7.7	1.68	1150	0.27	113.09	19.64	60

注：数据摘自王秀峰等《番茄育苗基质特性及其育苗效果》

4）育苗床架。穴盘育苗时，一般将育苗床架高进行育苗；育苗床形式一般分为固定式和移动式两种（图3-11）。固定式苗床因为留出的走道多，地面利用率只有60%～80%，其高度一般为80～90cm，宽度不宜超过180cm（要求在两侧作业时能够着苗床中间），两床之间的走道宽度常为50～70cm。有木制、竹制苗床，也有钢架结构的。

固定式苗床

移动式苗床

图3-11　固定式苗床与移动式苗床

移动式苗床是将钢制栽培床放在可以滚动的圆管上，圆管放置

在固定的床架上，这样能够使栽培床向两边移动，以便能腾出操作空间。移动式苗床对床架的坚固程度要求较高，不坚固的床架在使用的过程中会出现床框散架的情况。

还有一种苗床是节能型加温苗床。这种苗床用镀锌钢管作为育苗床的支架，质轻绝缘的聚苯泡沫塑料作为苗床铺设材料，在承托材料上铺设珍珠岩等保温和绝热性好的材料作填料，在填料中铺设电加热线，上面再铺设无纺布，将苗盘放置于无纺布上，再在苗床上设置小拱棚。电加热线由独立的控温仪控温。这种苗床容易为幼苗生长创造合适的温度环境，且因为每个苗床供热相对独立，所以能大大节省能源。

有的育苗厂还使用潮汐式苗床，使用这种苗床时，要求地面平整，避免浇灌之后某处经常积聚肥水而造成幼苗生长不齐。穴盘直接放于地面时，幼苗根系容易长出穴盘，甚至根系相互交错，移苗时易伤根，且易相互感病。用此法时，可以在水泥地面以下布地热，在寒冷季节，可以在穴盘上方加扣小拱棚，以此方式加热较节省能源，又容易增加根系环境温度，利于根系生长。且潮汐式灌溉可以减少幼苗叶片积水，有利于苗期病害的控制。

5）灌溉系统。一个完整的灌溉系统包括水源、水泵、压力罐、管道、肥液加注设备以及将正确的用水量供给穴盘苗的供水方法。温室生产必须保证有满足育苗生产所需要的高质量的水源，水的质量应达到饮用水的标准。浇水与施肥可以使用同一个系统，即水肥一体化。

将准确数量的肥水提供到穴盘苗的方法主要有四种：手工浇、固定式喷灌、自走式喷灌、混凝土地面上的潮汐灌溉。

手工浇水是最直接、使用设备最少的方法。手工浇水对技术人员的技术水平与经验要求较高，不易做到灌溉的均匀一致，但其优点是有经验的技术人员可以根据不同的幼苗长势情况进行不同的操作处理，实际操作中显得更为灵活。在我国实际生产中，相当一部分的育苗厂仍然选择人工浇肥水，特别是中小型育苗厂。手工浇水对喷头有较高的要求，幼苗在不同的生长阶段所能承受的水的冲击力不同，在仔苗期应该用能产生很细很柔和水流的喷头，随着苗龄期的增加，幼苗所能承受的水的冲击力也增大，因此，一般需要一个能转换不同水流强度的喷头（图3-12）。

图3-12　固定式喷灌与喷头

固定式喷灌设备是在苗床上部安装喷灌管线，安装麻烦，可能还会影响其他的操作，且灌溉均匀度不高、可调节性差，一般使用较少。

自走式喷淋装置，既可以喷水，又可以喷施肥料与农药；装置为电动，可遥控或电脑控制；大部分可以变速；有的喷头流量可以调节（图3-13）。自走式喷淋系统在幼苗比较小时，喷入每穴基质中的水量比较均匀；等到幼苗长到一定程度，叶片比较大时，从上面喷水往往造成穴间水分分散不均匀，因此也可以采取底部供水方式。

图3-13　自走式喷淋机

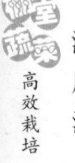
底部供水方式，即潮汐式灌溉，一般首先应考虑保证幼苗根区温度，在保证根区温度的情况下，水分通过穴盘底部的孔吸入到基质中，比从上面喷淋效果好得多，尤其是在寒冷的冬季，当然，灌溉水温度应接近幼苗根区温度。

（2）营养的供应　无土育苗基质本身含有的营养元素不能满足幼苗生长的需要，因此，在育苗的过程中必须进行营养的供应。穴盘育苗的营养供应主要有两种方式：一是通过定期浇灌营养液的方式解决，二是可以先将肥料直接配入基质中，以后只需浇灌清水。

1）定期浇灌营养液。营养液是将含有各种营养元素的化合物溶解于水中，加上某些辅助性物质配制成供植物生长的溶液。实验表明，凡幼苗生长量较大的种类进行基质育苗时，除了基质物理性状较好外，均需含有丰富的营养元素，幼苗才能健壮生长。育苗基质中含有营养元素较少或不完全时，育苗过程中要浇灌营养液进行补充。

营养液配制的一般步骤：

① 必须对施用的水源进行分析，了解水中的含盐量特别是钙、镁离子的含量，在计算营养液中肥料施用量时应该将其考虑在内。

② 计算肥料用量，根据营养液的需要量计算出各种肥料的用量；微量元素使用化学试剂，可按纯品称取；有些化合物具有湿性，必须储藏于通风干燥处，若已经吸潮，使用前需测定其含水量，并重新计算用量。

③ 根据计算结果称取肥料，分别放置在干燥的容器中或塑料薄膜上。

④ 向储液池中注入占最终体积80%左右的水，检查酸碱度，并调整到微酸性（pH 5.5～6.5）。

⑤ 将称量出的各种肥料分别溶解，生产条件具备时，也可将配制过程分为制备浓缩储备液和配制栽培营养液两步。首先，以钙盐为中心，将不与钙产生沉淀的盐溶在一起。其次，以磷酸盐为中心，将不与磷酸根形成沉淀的盐溶在一起。三是与微量元素肥料一起配制。溶解后缓缓倒入储液池中并迅速搅动，使之混合均匀。

⑥ 所有肥料都溶解完毕后，加水到规定的体积并充分搅拌，然后测定酸碱度，不适宜的用酸或碱调节。各储备液浓缩倍数以营养

液配方规定的用量及不析出沉淀为标准，pH 一般调整为 3.0 ~ 4.0。使用时，可将三种浓缩储备液依次随水加入储液池中。

几种常见大量元素营养液配方，见表 3-10。

表 3-10　几种常见大量元素营养液配方　（单位：mg/L）

肥料种类	配方 1	配方 2	配方 3	配方 4
四水合硝酸钙	500	450	—	—
硝酸钙	250	—	—	340
硝酸铵	—	250	200	—
磷酸二氢铵	500	—	—	—
硝酸钾	500	400	200	—
磷酸二氢钾	100	—	—	465
磷酸二氢钙	—	250	150	—
七水合硫酸镁	500	250	—	—

配方 1、2、3 为无土轻基质育苗用配方，根据不同作物种类及不同生育期稀释、加浓使用，必要时可以加入微量元素螯合铁 25mg/L，硼酸 20mg/L，配方 4 仅限含有营养土的基质育苗中使用。

微量元素包括两层含义，一是泛指土壤中含量很低的化学元素，二是指在作物体内含量极少，但对植物生长发育却是不可缺少的元素。

蔬菜对微量元素的需求量极小，但它们所起的生理作用却很大，如果供应不足会出现不同的缺素症状，产量减少，品质下降，如果含量过多，蔬菜也会中毒。因此，基质育苗必须在营养液中加入适量的微量元素（除非基质中含量充足）。

微量元素用量，见表 3-11。

在实际中，由于育苗的蔬菜种类不同、肥料条件不同等因素，营养液配方的选择可因地制宜，灵活掌握。

【注意】　配制营养液的肥料应以化学态为主，溶解性好并能有效地被作物吸收利用。不能直接被作物吸收的有机态肥料，不宜作为作物营养液肥料。

第三章　棚室蔬菜栽培技术基础

表 3-11　微量元素用量

肥 料 名 称	用量/（mg/L）	备 注
EDTA 铁钠盐	20～40	任选一种
硫酸亚铁	15	
硼酸	2.86	任选一种
硼砂	4.5	
硫酸锰	2.13	
硫酸铜	0.05	
硫酸锌	0.22	
钼酸铵	0.02	

定期浇灌营养液的营养供应方式可以避免水溶性养分被土壤固定，提高了养分的有效性，具有节约水肥等优点，但营养液的配制和定期浇灌费工费时。生产上常用的另一种营养供应方式是肥料配入基质。

2）将肥料混入基质预混法。即将磷、钙、镁和微量元素肥料混入基质中，氮和钾肥在整个生长期随时施用。这样不仅各种营养元素齐全，省去了配制营养液所需的设备、测试系统、定时器、循环泵等设施，减少了给植株浇灌营养液所花费的劳动，并有利于出苗及壮苗。另外，所用有机肥经过一定处理，在其分解释放养分的过程中，不会出现过多的有害无机盐，使用的少量无机化肥，不包括硝态氮肥，在栽培过程中也没有其他有害化学物质污染，从而可以使产品达到 A 级或 AA 级"绿色食品"标准。作物种类不同、育苗方式不同，基质中添加的肥料量也不同。一般所育幼苗苗龄越大、每株苗所占有的营养体积越小，则预混入的采用肥肥料数量应越多。

肥料与基的混配伴随着栽培基质的发展而发展。早在 20 世纪 70 年代，人们以固体沙砾、石英、河沙、水晶、碎瓷、纯碳酸钙、硅酸及活性炭等固体物作为栽培基质以来，含有氮、磷、钾等元素的肥料常以直接混入基质的方式，来满足栽培作物对养分的需求。后来，人们意识到在育苗基质中加适量的底肥，有利于培育壮苗。

基质的混配及基质与肥料的混配成为基质栽培的一种时尚。将炉渣、羊粪、糠醛渣、草炭等配成混合基质，每立方米基质中加入15kg生物有机、无机复合型专用肥，配制成全营养复合栽培基质，在栽培过程中，只浇清水，不但能有效地解决日光温室基质栽培化肥施用量大、基质盐渍化、重茬等问题，而且还能解决营养液栽培的化肥成本、配制复杂等难题。由于此种供养方式简便易行、成本低，目前仍被广泛应用。几种主要蔬菜穴盘育苗基质及养分配比，见表3-12。近年来，随着有机废弃物作为基质的应用与推广，肥料直接混入基质的供养方式也有了新的改进，在有机废弃物堆肥发酵过程中配入一定的肥料，一方面为有机物的充分腐熟发酵提供氮源，另一方面又能提高有机废弃物的养分含量。例如在花生壳或锯末基质的发酵中分别使用了尿素、复合肥和鸡粪，加快了堆肥中的不稳定有机质分解转化为矿物质和稳定的有机质，改善了基质的理化性状，将其与草炭、蛭石混合育苗，出苗整齐，幼苗生长健壮。

几种有机废弃物堆肥发酵过程中的肥料配比，见表3-13。

表3-12　几种主要蔬菜穴盘育苗基质及养分配比

作物	穴盘规格/(孔/盘)	基质配比	每盘基质中加的肥料/g		
		草炭:蛭石	尿　素	磷酸二氢钾	无臭腐熟鸡粪
黄瓜	50	3:1	3.0	4.0	10.0
番茄	72	3:1	5.0	6.0	20.0
茄子	72	3:1	6.0	8.0	40.0
辣椒	128	3:1	4.0	5.0	30.0
甘蓝	128	3:1	5.0	3.0	15.0
芹菜	288	3:1	2.0	2.0	10.0

表3-13　几种有机废弃物堆肥发酵过程中的肥料配比

有机废弃物	肥　料	配　比
稻草	鸡粪（菜籽饼）、尿素	100:30:2
干草	鸡粪	5:1
玉米秸秆	鸡粪	5:2

（续）

有机废弃物	肥　　料	配　　比
玉米秸秆	鸡粪、尿素、硫酸铵	1000:100:8:17
蔗渣	尿素	200:1
苇末	鸡粪、尿素	200:40:1
花生壳	鸡粪	4:1

（3）穴盘育苗技术要点

1）穴盘育苗技术流程（图3-14）。

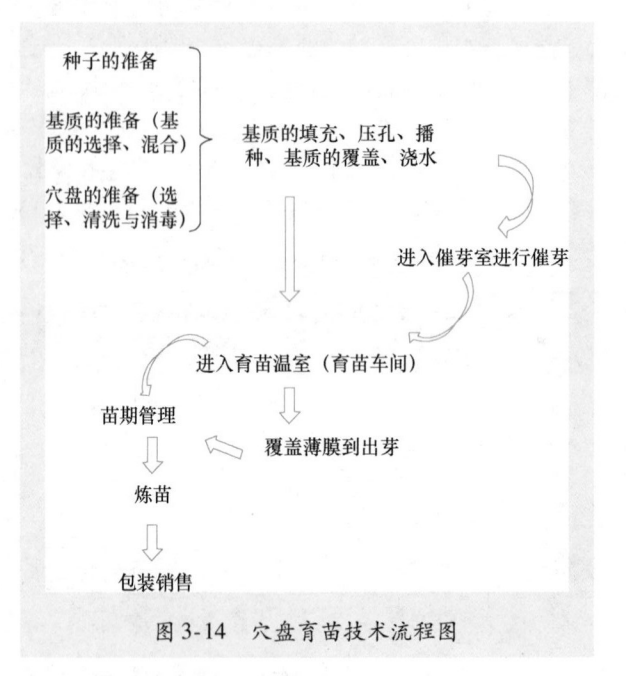

图3-14　穴盘育苗技术流程图

2）各流程中需要注意的问题。

① 种子的准备。包括种子的选择与播前处理。

a. 种子的选择：选择符合种植要求的优良品种，比如蔬菜选种时要选择适合种植环境、产量高、品质好、抗病性好、综合经济效益良好的品种，并要保证种子的质量。对于大部分作物来说，都要选用新种子，并对种子进行精选，除去残粒、瘪粒、杂粒与杂质。大量用种时必须做发芽力实验以检验种子质量。

b. 播前处理：播前还应对种子进行适当的处理，如药剂浸种、温水浸种、对种子进行引发、进行种子催芽等。处理的目的是让种子发芽更整齐、幼苗抗性更好（处理方法参考本章第一节棚室蔬菜播种技术）。

② 穴盘的准备。根据不同作物种类和种苗大小，选择不同规格的穴盘；秋海棠、凤仙等盆栽花卉，南瓜、葫芦等幼苗叶片较大的蔬菜，育苗时应选择穴孔直径较大的穴盘；而深根性的飞燕草和部分蔬菜作物，则宜选择穴孔较深的穴盘；非洲菊、仙客来等可先在小穴孔育苗盘中发芽，再移栽到大穴孔育苗盘中育壮苗。使用过的穴盘应进行消毒。

不同蔬菜种类的适宜穴盘规格及种苗大小，见表 3-14。

表 3-14　不同蔬菜种类的适宜穴盘规格及种苗大小

栽培季节	蔬菜种类	穴盘规格/(孔/盘)	种苗大小
春季	茄子、番茄	72	6~7 真叶
	辣椒	128	7~8 真叶
	黄瓜	72	3~4 真叶
	青花菜、甘蓝	392	2 叶 1 心
	青花菜、甘蓝	128	5~6 真叶
	青花菜、甘蓝	72	6~7 真叶
秋季	芹菜	200	5~6 真叶
	青花菜、甘蓝	128	4~5 真叶
	莴苣	128	4~5 真叶
	黄瓜	128	2 叶 1 心
	茄子、番茄	128	4~5 真叶

③ 育苗基质的选择与配制。基质应理化性质稳定、疏松透气、保水保肥、呈微酸性、不带病菌和对幼苗有害的物质、经济实用。一般 2~3 种基质混合均匀使用。

④ 基质填充时需注意的问题。一般，基质在填装之前要适当地

进行湿润。干基质在装盘时灰尘较大，对操作者的健康有害。有时以草炭为主的干基质在浇水时不容易浇透，因为有些草炭的纤维表面有一层疏水层。使用干基质在压盘后，压出的小坑容易反弹，而失去压盘这一操作的意义。湿润应均匀，湿润不均匀的基质可能造成操作者对基质需水情况的误判，从而造成不正确的水分管理操作。基质的预湿润程度应是基质最大持水量的 65%～70%，表观上的判断是：用手抓一把湿润均匀的基质，用力握，基质出水而不滴水，松手后基质成团。这种程度的基质含水量，在冬季育苗时，保水良好的条件下，可以直接播种而不必再浇水；但在夏季，则必须浇透水。因为一般冬季育苗环境温度较低，或者是夜间温度较低，种子在出芽之前会有一段相对较长的时间是在基质中，如果基质水分太大，发芽中的种子有时会发生低温冷害，或因为基质缺氧而死。冬季气温低时，有时幼苗出土后子叶发黄，甚至子叶已经腐烂，这种情况就是因为环境温度低、基质水分大造成的。而在夏季，因为温度条件适宜，种子会很快发芽。所以要做到"夏季浇透水，冬季浇足水"。

在冬季播种时，保持穴盘基质水分适宜的另外一个方法是，基质装盘后，浇透水，24h 后再进行播种。

机器填充时，一般较为均匀；人工填充时，应先将过量基质堆于穴盘之上，再用木板或其他平整的工具将穴盘刮平，刮盘时木板应倾斜到 30°～45°，尽量使多余的基质经过每一个穴孔的上方，这样可以使每一穴孔基质的松紧度较为均匀。

对于新手或粗心的装盘人员来说，有时会因为求快而忽略基质填充的均匀性，特别是穴盘的四角与靠边的穴孔，容易被少装基质而造成播种过深或后期幼苗的营养面积不够。

穴盘在填装完基质之后应进行压盘，压盘是指在每一穴盘穴孔的中间压出一个适当深度的小坑，将种子播入其中，压盘的目的就是使播种更方便。根据种子大小不同，所压的小坑深度也不一样。种子小，坑就应该压得浅，一般在 0.3～0.6cm，如生菜籽、甘蓝籽、矮牵牛籽等；种子大，坑就应该压得深些，一般在 1.2～1.5cm，如西瓜、南瓜籽等；中等大小的种子，如黄瓜、番茄籽，一般在 0.8～

1.1cm。小坑压得过浅，种子发芽时容易"戴帽"出土，小坑压得过深，发芽时间变长，在气温低时子叶更容易腐烂变黄。

机器压盘均匀一致，人工压盘时，容易出现一些不合理的现象，比如小坑没有压在穴孔的正中间，或小坑深浅不能达到要求。一些小型育苗场，为了将小坑压得更合适，往往会自己按所需制作简易压盘工具（图3-15）。当基质疏松透气性较好时，有时为了方便，也可以将10个穴盘垒成一摞，用手或垫一平板均匀用力往下压；再将底下的5个穴盘与上面的5个对调，从上面再压一次。用力越大，所压的小坑越深，当用力较大时，容易把基质压得过紧，以致影响幼苗根系的生长。因此使用这种方法时，用力一定要适度，应先试着压1～2摞，掌握好所压小坑的深度与用力之间的关系。

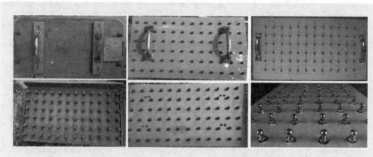

图3-15　3种自制的压盘器

⑤ 填充完基质的穴盘应避免过度的叠放、挤压。已经填装基质后的穴盘不能直接叠放在一起，否则，下面穴盘的基质会比上面的紧实。可以交错叠放，避免对基质的过度挤压（图3-16）。对于已经压坑后的穴盘，更不能直接叠放在一起，一方面会将下面的基质压实，另一方面直接叠加会使坑变浅，使后期的播种深度变浅。

图3-16　交错叠放的穴盘

⑥ 播种时应注意的问题。如果采用机器播种，要熟悉机器的操作与特点，要保证每一个穴孔里都能点上种子。

我国的育苗场基本仍采用人工播种。人工播种时，穴盘压过坑后，如果坑大致在正中间，可以直接将种子放入坑中；如果坑不在正中间，要尽量把种子放在靠近穴孔中间的位置，并应保证种子的深度。穴盘育苗所使用的种子价值较高、质量较好，一般一穴只播一粒；对于体积较小的种子，或容易粘连在一起的种子，播种时应该注意，不要多播。

另外，有些种子对放置的姿势有要求，比如葫芦科的南瓜种子，一般要求平放。将种子平放，当种子发芽时，胚根从种孔中长出，深入基质，胚轴伸长，将种皮连同子叶向上顶，在向上生长的过程中，种皮在基质的重力与摩擦下脱落，子叶伸出基质。因此，平放是南瓜种子最好的放置姿势。对于一些初学者，容易把南瓜等种子的种孔当作子叶伸出的孔，而误将种孔向上放置，这时，根系会长出基质之外而不能正常发芽。还有人会将南瓜等种子的种孔向下，使种子立在基质中，这样，当胚轴伸长时，种皮会很容易连同子叶一起伸出基质，产生"戴帽出土"的现象。

⑦ 覆盖。除了少数几种作物，如芹菜、莴苣、凤仙、矮牵牛等，其他作物种子发芽一般都需要黑暗的环境条件。另外，种子发芽需要较高的空气湿度，因此，穴盘育苗在播种之后均需进行覆盖（图3-17）。选择什么样的覆盖材料非常重要。常见的覆盖材料有：育苗时所用的基质、粗蛭石、沙子、珍珠岩。

图3-17　穴盘覆盖

最好的覆盖材料是粗蛭石，蛭石吸水性好，可以保持种子周围的湿度，而且粗蛭石的透气性良好，也能为种子发芽提供充足的氧气。

但判断粗蛭石何时缺水较为困难。颗粒较小的细蛭石因为透气性差而不适合做覆盖材料。

很多时候育苗场会直接使用育苗的基质作为覆盖材料，一是因为取材方便，二是因为容易判断其是否缺水，但前提是所使用的基质必须具有良好的透气性。

沙子用作覆盖基质时需要进行筛选，颗粒太小的沙子因为透气性差而不适合做覆盖基质，颗粒过大的则可能会对体积较小的种子正常发芽产生影响。不是取自淡水中的沙子，必须经过淡水的冲洗之后方可使用。所有的沙子在使用之前必须经过消毒。

我国的部分育苗场习惯于选择珍珠岩作为覆盖材料。珍珠岩用作覆盖材料的优点是透气性很好，反光、夏季育苗时有助于降低穴盘表面温度，纯白色、看起来美观。缺点是很多珍珠岩碱性大，对幼苗生长不利，浇水时容易被冲走，判断何时需要浇水较为困难，容易干，冬季育苗时不利于提高穴盘表面的温度。因此，综合来说，珍珠岩并不是一种理想的覆盖材料，一般使用时要对所用批次的珍珠岩进行酸碱度检测，如果 pH 高于 8，则慎用。

不论用哪种材料覆盖，覆盖时都要尽量均匀。覆盖不均匀会使种子发芽不整齐。覆盖厚度还要适当，太厚会使种子发芽太慢，在气温低的时候，如果同时基质水分过高，容易产生烂种的现象；覆盖材料太薄，种子周围容易缺水，且容易"戴帽出土"，起不到覆盖材料应有的作用。具体覆盖厚度大致如下：小粒种子，如莴苣、矮牵牛、鸡冠花等，覆盖 0.3~0.6cm；中粒种子，如辣椒、甜瓜等，覆盖 0.8~1.1cm；大粒种子，如南瓜、葫芦等，覆盖 1.2~1.5cm。

⑧ 播种后浇水。关于种子发芽期间的基质水分问题，应该分情况而定。如果进入催芽室进行催芽，且基质透气性良好，则基质应该浇透水，因为催芽室内温度等条件适宜，种子可以快速发芽。

如果是在苗床上出芽，基质浇水量应根据环境温度而定。冬季气温低的时候，基质含水量应该保持在 70%，这一含水量既能保证种子发芽对水分的需求，又能保证基质中含有足量的氧气，使得种子能正常出芽，即使有时候发芽速度会慢一些，但对幼苗不会有太大影响。但如果在气温低的时候浇水过多，种子会在低温条件下饱

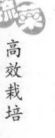

和吸水，加上缺氧，极易造成种子窒息而死，或即使出芽，子叶也会溃烂而严重影响生长。

⑨ 穴盘表面塑料薄膜的覆盖。在苗床上出芽时，一般需要覆盖塑料薄膜，其主要作用是保湿和保温。当温度较低时，一般使用透明塑料，既可保湿又可增温；当温度较高时，多先铺以塑料薄膜，再铺以硬纸片，或直接使用报纸覆盖，或使用白色不透明塑料薄膜，只需保湿而不需增温。黑色塑料薄膜使用较少，因为温度低时，其增温效果差；温度高时，易吸热而薄膜温度较高，当幼苗出土后，接触到薄膜可能会因温度过高而发生烤苗现象。

3) 出芽前后的管理。

① 催芽室内发芽时的管理。如在催芽室内催芽，应保证温度、湿度与良好的空气流动；避免温度的不均匀。催芽的时间很重要，技术人员必须熟知要催芽作物在设定温度下大致的发芽时间，在每天的早中晚观察 3 次，并在傍晚决定是否将其移出催芽室或是否降低催芽室温度，如果在傍晚时已经出芽，易徒长的作物在经过一夜的较高温度之后，幼苗胚轴非常容易伸长而造成"高脚苗"。

② 苗床上发芽时的管理。如在苗床上催芽，应保证发芽所需的温度与湿度。一般会在穴盘上覆盖塑料薄膜，以保湿并增温。覆盖透明塑料薄膜时，晴天薄膜下温度上升很快，直至较高温度，这时可以在基质的穴孔里插一温度计，深度最好在种子层；对于喜温作物来说，这一温度不应超过 35℃（当温度计直接放在膜下时，温度不应超过 42℃），对于喜凉作物来说不应超过 28℃（当温度计直接放在膜下时，温度不应超过 35℃）。温度过高时，可以采用降温和遮阳的方法。

在苗床上发芽时，温度不可能为恒温；基质中的温度会随着温室气温变化而变化。基质最高温度如前文所述；最低温度，一般喜温作物不低于 12℃，温度在 12~15℃ 的时间最好不超过 8h，温度应较长时间保持在 25~30℃；喜凉作物不低于 5℃，温度在 5~8℃ 的时间最好不要超过 8h，温度应较长时间保持在 18~25℃。

③ 揭去塑料薄膜的时间。一般出苗达 20% 以上时，应揭去薄膜。在种子质量没有问题的情况下，当有 20% 的种子发芽时，其他

80%的种子也即将发芽，因此这时可以揭去薄膜。揭膜太早，基质容易干而影响发芽；揭膜太晚，已经出苗的幼苗会弯曲而影响生长，另外，晴天时，膜下气温高容易出现烤苗现象。

4）对于"戴帽出土"幼苗的处理。当覆盖材料薄、少、干时，因为覆盖太轻，种子出芽时不能将种皮留在基质中，而出现顶着种皮出芽的"戴帽出土"现象（图3-18），出土的种皮甚至将两片子叶牢牢地粘连在一起，若不及时将种皮去除，会严重影响幼苗子叶的展开和幼苗前期生长。因此，在工厂化育苗的过程中，要尽量避免种子"戴帽出土"。对于已经"戴帽出土"的幼苗，可以在早晨趁子叶较软、较潮湿时，用手轻轻将种皮去除；或在温度不太高的时候，手持小喷壶，先将子叶喷湿，再将种皮去除。避免在子叶较干时除"帽"，因为此时很容易将幼嫩的子叶撕裂。

图3-18 "戴帽出土"的黄瓜苗

5）籽苗期管理。籽苗期是指种子发芽到一叶一心时期。从出芽以后，幼苗就进入了正常的管理。此期幼苗特点是抗性弱、易徒长。

① 对环境因子的要求。出苗后应适当降低温度，特别是夜间温度，以防止徒长。一般，发芽后白天温度比发芽时低3～4℃；夜间温度一般保持在18～12℃。夜间温度高极易徒长，例如当凌晨（见光前1～3h）温度高于16℃时，子叶期的黄瓜幼苗极易发生徒长。

湿度不能太大，应不高于90%；应注意通风排湿，在条件允许的情况下，每天都应进行通风。通风不但可以降湿防病，还能补充温室内的二氧化碳，满足幼苗光合作用对气肥的需要。

光照不能太强，最好不要超过35000 lx；光照强容易引起幼苗叶片灼伤，这种情况大多发生在晚春、夏、秋季节育苗，在这几个阶段育苗，需要使用遮阳网。光照强度也不能太弱，不应低于3000lx，

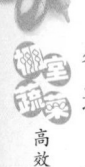

冬春季节育苗一般需要加强光照，并尽量延长光照时间，必要时要进行补光。

冬季外界温度低，育苗还应防止放风排湿时进入温室的冷风吹到幼苗，特别是在有风天气时。

② 防病与水肥管理。苗期易出现猝倒病；出齐苗后，应在晴天温度低于27℃时喷施72.2%普力克水剂500倍液。最好在上午喷施，这样有利于降低环境温度；也可以在播完种浇水后喷施普力克水剂750倍液。并注意通风排湿；保持穴盘表层基质的低湿度是防止猝倒病发病的一个重要措施；当猝倒病发生时，把发病穴盘放在日光下将表层基质晒干，也可以在一定程度上阻止病害的进一步发展。

出齐苗后应施用0.05%~0.1%的高品质平衡复合肥液，特别对于营养物质含量少的基质，施肥应及时。

③ 分苗。实际生产中，即使再好的种子出芽率也不可能达到100%，并且出芽整齐一致。必然存在个别穴孔不出芽及一些穴孔出芽不一致的情况，这两种情况的结果就是缺苗和幼苗生长不齐。幼苗购买者都愿意要长势一致的满盘苗。因此，生产上常常将幼苗按大小分开，缺苗的穴孔重新填补上大小一致的幼苗；大小苗分开，进行分级管理。大小苗分开管理的另一个好处就是可以对小苗进行更为精心的特殊管理，比如，放在温室内温度较高的区域、多施肥水，使得小苗也能长成为正常的商品苗。分苗一般在第1片真叶显露至完全展开时进行，当然，也视不同作物种类而定，但总体标准是：操作方便、苗越小进行越好。

分苗时应该参照以下标准进行。

a. 同盘苗大小基本一致，一般分2~4级。

b. 起苗应尽量完整，不伤根。

c. 放入新穴时应尽量不窝根，更不能将根留在穴外。

6）防徒长技术。徒长苗的表现是：叶色浅，茎节长，叶柄长且较直立，根系发育差，根重比值低，茎粗与茎高的比值低；细胞含水量高，抗病性差；定植后往往开花结果期延迟，早熟性差，但总产量影响程度较小。穴盘苗徒长问题是穴盘苗管理中最大的问题之一，做好防止幼苗徒长工作是穴盘苗管理中的重要任务，其常用方法如下。

① 非化学方法。通过控制温度来防止徒长是生产中常用的方法之一。一般认为，降低夜间温度能有助于控制徒长。也有研究认为，减小白天与夜间的温差可以有效控制徒长。实际可以通过降低秧苗见光后 2~3h 的温度来达到相对降低白天温度的效果，也就是说降低见光后 2~3h 的温度其效果与降低整个白天的温度是相似的。

基质水分越低，植物生长越慢，植株越紧密，叶子和茎段越壮实；适当控水可以促进根系生长。温室相对湿度会影响植物的高度，低温高湿也易引起徒长。日落前或日光温室放棉被之前，在保证温度的前提下应适当通风排湿；这样做不但可以降湿控制高度，还可以减少病害。

穴盘育苗时，肥料用量应适当减小，尤其是在阴天的时候。氮肥应使用硝态氮肥，高磷有利于培育壮苗。

较强光照强度与较长光照时间能抑制幼苗徒长。对于大部分幼苗而言，光强不应低于 3000 lx，不应高于 32000 lx；每天见光时间应在 6h 以上。用玻璃温室育苗时，因为玻璃的透光率高，幼苗相对不易徒长；在其他类型温室内育苗时，因为光照较弱，幼苗易徒长。因此，育苗时应保证充足的光照强度与时间，特别是光照弱的季节，应加强光照，以利于防止幼苗徒长。

有两种措施，一是拨动幼苗，二是增加空气流动；这些方法可以刺激植物产生乙烯，而乙烯能促进侧枝生长，同时抑制顶端的生长。每天来回拨动 3~4 次，能有效控制徒长，尤其是对番茄幼苗的效果最好。应用拨动法时应注意，对于叶、茎较脆，拨动时易损伤的作物，一般不适用此法。另外，有时可以加大通风或使用室内风机，使幼苗上面的空气流动，此法对控制幼苗徒长也有一定效果。

② 化学方法。化学控制方法又叫化控技术，是一种能有效控制作物徒长的方法，生产上使用较多。此法一般在育苗的前中期使用，进行喷雾或灌根处理，但要严格控制施用的药剂含量。常用的化学药剂有丁酰肼、矮壮素、多效唑、烯效唑、A-rest 等。

丁酰肼（B-9）：只叶喷，喷到叶片滴水为宜，1000~5000mg/kg；气温高的时候，多数植物对 B-9 没有反应，同时，B-9 在高温时容易

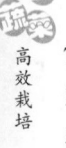

从植物叶片上蒸散出来。

矮壮素：蔬菜上施用含量为 100~300mg/kg；花卉上施用含量为 750~3000mg/kg。喷洒矮壮素容易对叶片产生伤害，例如使叶片出现黄色斑点，或新叶产生晕环斑，这是由于叶绿体被破坏，这些症状一般在喷后 3~5 天出现。

在一些情况下，把 B-9（约 2500mg/kg）和矮壮素（约 1500mg/kg）混合施用，混合两种化学制剂要比单独使用的作用总和还要有效。

A-rest 既可浇灌也可喷施，施用含量为 50~150mg/kg；多效唑一般施用含量为 5~15mg/kg；烯效唑一般为 3~8mg/kg（灌根时含量为叶喷含量的 1/10）。

【提示】　在生产中要消除对化控技术的错误认识，化控技术的使用不单单是起到控制植株徒长的作用。在易徒长的环境条件里，正确使用化控技术不仅可以起到控制徒长的作用，并且有助于培育壮苗、提高幼苗的免疫力。

7）成苗期管理。成苗期的管理主要是在了解各种作物生长发育规律的基础上，调控好幼苗生长环境的温度、光照、湿度及二氧化碳含量等条件，使各项条件都能有利于幼苗的生长。

① 温度的管理。温度对幼苗的影响主要有两个方面：第一，影响幼苗生长速度及生长量；第二，影响幼苗质量。日平均温度在 10~26℃ 的范围内，温度越高幼苗生长速度越快；但过高的温度易引起徒长，而降低了幼苗的质量。

实际生产中，一般果菜类幼苗昼温应为 25~28℃，夜温为 15~18℃；叶菜类昼温为 20℃，夜温为 10℃。昼夜温差大时有利于干物质的积累，但同时也增加了节间长度。昼夜温差越大，植株节间长度增长得越快。当昼夜温差由正值变为 0 时，节间长度会减小 1/3。降低清晨（日出后 2~3h）温度，有利于缩短节间。低夜温有利于提高作物花芽分化质量。

育苗时，温度管理要"缓"，切忌温度忽高忽低。缓和的温度管理有利于提高幼苗质量，并降低病虫害的发生概率。

注意提高幼苗根际温度，根际温度最好能为 18~23℃。使用架高苗床育苗和透气性能良好的基质、对浇灌水适当加热或根区加热，都有助于提高幼苗根际温度。

② 光照的管理。光强、光照时间、光质与光周期影响幼苗生长与发育。光照强度和光照时间决定着光合产物的多少，直接影响着幼苗的生长量与生长速度。光质主要与幼苗的形态（高度与株型）有关，蓝紫光与紫外光有利于控制植株高度，并能增加幼苗分枝。对于对光周期敏感的作物，光周期会影响其开花时间，因此，有时可以通过调节光周期来调控作物开花时间。

育苗时，一般要求光照强度应大于 3000 lx，不然作物易徒长；同时应小于 35000 lx，否则幼苗叶片易被灼伤。光照时间应为 8 ~ 18h；冬季育苗时，光照时间有时只有 5 ~ 6h，此时应进行补光，每天可补光 4 ~ 6h，可以使幼苗生长得更快。

较强光照有利于抑制幼苗徒长。幼苗太密时，由于植株间相互遮光，会造成幼苗缺光而徒长。这就要求在育苗之前要确定所育幼苗的苗龄，以此来选择合适的穴盘。植株株型大或苗期长，就应该选择穴孔营养面积较大（穴孔体积较大）的穴盘。当幼苗较密时，在条件允许的情况下，应该将各穴盘相互隔开一定距离，从而减少相互遮光。

③ 水肥的管理。参考本章第二节四、无土育苗技术中关于营养供应的内容。

④ 气体条件的管理。一般成苗期所说的气体条件是指二氧化碳含量情况，幼苗在光合作用时必须吸收二氧化碳，即生产中所说的"气肥"。在冬春季节育苗时，为了保存温室内的热量通常会关闭通风口，在封闭的温室内，二氧化碳在幼苗见光后，会很快被利用掉，致使温室内二氧化碳的含量低于空气中的（$300\mu L/L$）。没有足够的二氧化碳，光合作用就会受到限制，幼苗合成的光合产物就少，此时，低含量的二氧化碳就成了幼苗生长的抑制因子。

一般温室内二氧化碳含量在见光前最高，见光后，随着植株光合作用的逐渐增强，温室内二氧化碳含量逐渐降低。晴天时，一般在见光 0.5 ~ 1.5h 后，温室内二氧化碳含量降至 100 ~ 200$\mu L/L$。如果温度上升，在通风后，温室内二氧化碳含量会接近空气中的含量；

但如果在寒冷季节，温室内温度较低、热量较少，一般不通风，此时温室内的二氧化碳处于亏缺状态，远不能满足作物生长对二氧化碳的要求，若在此时补充二氧化碳，则会非常有利于幼苗的生长。补充二氧化碳的前提是温度条件适宜、光照充足、空气湿度适中、基质湿度合适、养分充足。一般将温室内的二氧化碳含量补充至 $800 \sim 1500 \mu L/L$ 较为合适。

　　关于二氧化碳的补充方法，目前主要是采用钢瓶施放二氧化碳，也有用天然气、丙烷、煤油燃烧产生二氧化碳的，还有使用干冰（固体二氧化碳）的。其中烧天然气、丙烷、煤油，都要通过二氧化碳发生器（图3-19）。直接用液态二氧化碳来为温室补充"气肥"成本较高。温室在相对封闭的情况下，使用燃烧法产生二氧化碳时，不能燃烧太多的燃料，且必须保证温室内的空气流动（应开启内循环风机，以形成流动气流），否则会因缺少氧气而造成燃料燃烧不充分，形成一氧化碳，一氧化碳对幼苗伤害很大。使用燃烧法的好处是既补充了二氧化碳又能提高温室内的温度。还有一种化学法产生二氧化碳的方式，即利用自注式二氧化碳发生器，以碳酸氢铵和硫酸为原料，经化学反应产生二氧化碳，副产物为硫酸铵（肥料）。

　　8）炼苗管理。穴盘苗由播种至幼苗养成的过程中水分或养分几乎充分供应，且在保护设施内幼苗生长良好。当穴盘苗达出圃标准，经包装储运定植至无设施条件保护的田间，面对各种生长逆境，如干旱、高温、低温、储运过程的黑暗弱光等，往往造成种苗品质降低，定植成

图3-19　二氧化碳发生器

活率差，使农户对穴盘苗的接受力大打折扣。如何经过适当处理使穴盘苗在移植定植后迅速生长，穴盘种苗的炼苗就显得非常重要。

　　穴盘苗在供水充裕的环境下生长，地上部发达，有较大的叶面

积，但在移植后，田间日光直晒和风吹令叶片蒸散速率快，容易发生缺水情况，故会出现幼苗叶片脱落以减少水分损失，同时光合作用减少，从而影响幼苗恢复生长能力。若出圃定植前进行适当控水，则植物叶片角质层增厚或脂质累积，可以反射太阳辐射减少叶片温度上升和水分蒸散，以增加对缺水的适应力。

夏季高温季节，采用阴棚育苗或在有水帘风机降温的设施内育苗，使种苗的生长处于相对优越的环境条件下，这样一旦定植于露地，则难以适应田间的酷热和强光，出圃前应增加光照，尽量创造与田间比较一致的环境，使其适应，可以减少损失。冬季温室育苗，温室内环境条件比较适宜蔬菜的生长，种苗从外观上看质量非常优良，但定植后难以适应外界的严寒，容易出现冻害和冷害，成活率也大打折扣，因此，在出圃前必须炼苗，将种苗置于较低的温度环境下 3 ~ 5 天，可以起到理想的效果。

一般炼苗的做法是：提前 5 ~ 6 天，加大通风，降低温度，大致每天降低 1℃，连续降温 4 ~ 5℃；同时控制浇水，直至幼苗稍萎蔫时再浇小水；在幼苗移栽或运输前 1 天，才进行正常浇肥水，并喷施农药，做到"带肥带药"出厂。

9）穴盘苗的保存与运输。

① 穴盘苗的保存。在穴盘苗的实际生产中，因为天气不好、育苗计划不周、销售不佳、种植者特殊要求等原因，经常会遇到幼苗不能按时移栽的情况，这时必须控制好幼苗的生长直至能够移栽或运输。

穴盘苗保存的第一个问题是易徒长，因为苗子相互遮光，非常容易徒长，且幼苗过密会造成叶片下空气不流动，下部叶片易产生病害。幼苗保存期间，如果有足够的苗床空间，可以将穴盘苗摆开（图 3-20），这样相当于使更多的幼苗处于"边缘"而长更慢。

第二个问题是幼苗会在穴盘里现花蕾或开花。因为穴盘营养面积不能满足幼苗开花对营养的要求，一般在穴盘里出现的花蕾或开放的花，质量会较差。若是观赏用花，品质会大大降低，若是果菜类蔬菜，其果实品质一般较差，或无商品价值。

图3-20　因秧苗过高而摆开的穴盘苗

第三个问题是穴盘苗放置时间过长时，幼苗根毛会变少，粗根增多，根的颜色由白变为黄褐，根系老化，活力大大减弱，移栽后的缓苗时间较长；且根系活力下降后的幼苗，易感染腐霉菌、丝核菌、根串珠霉菌等。正常高质量的穴盘苗根系是在穴孔内盘绕较好、白色、根毛多且粗，这种根系定植后基本无缓苗期而迅速生长。

在穴盘苗保存期间，一般采用低温管理，温度控制在炼苗期的温度，且加强通风，可以使用化学方法控制徒长，但不要过度控水，水分管理应干湿循环进行，并加强病虫害的管理，肥料的施用量减1/3或减半。

② 穴盘苗的运输。工厂化穴盘育苗的特点之一是集中育苗、分散供苗，路途短的有数百千米，长的可达数千千米，甚至空运到国外。集中育苗的最大优越性就是能够充分利用育苗地区的气候、热源、资金、技术等各方面的优势，降低育苗成本，提高幼苗质量，并以此形成产业，大批量生产商品幼苗，企业得到发展，技术得以进步，生产得到效益，能取得明显的经济效益与社会效益。随着蔬菜产业化发展，工厂化穴盘育苗必然会从蔬菜产业里独立出来，形成一个新的产业。在这个产业里，不单只有幼苗的生产，幼苗储藏与运输也是重要组成部分。

首先，运输前要做好计划，买方要做好定植前的准备。注意收听天气预报，趁天气状况较好时运输可减少损失。

如果运输路途较远，应对幼苗进行药剂处理，防止水分过度蒸发及根系活力减退。研究发现,远途运输的番茄苗(5~7片真叶)用乙烯利(300μg/L)处理,可以促进幼苗定植以后的缓苗及发根,并提高产量;在番茄起苗运输前喷施糖液,有利于定植后的缓苗。近年来的许多研究表明,采用一些新型药剂处理,如施特灵、基因活化剂、富里酸,均对运输过程中的幼苗有益。

另外,在运输时,可以带穴盘运输,也可以不带盘运输,后者应特别注意根系保护。带盘运输其运输量较小,但对根系保护较好,不带盘运应密集排列,防止因基质散落而造成根系散落。

幼苗运输时,多使用纸箱、硬质塑料箱、泡沫箱等,应根据运输距离、运输时的温度、运输条件等选择合适的包装容器。短途运输可以使用纸箱;长距离运输多使用较硬的塑料箱;冬季气温低时,可以使用泡沫箱,以保暖防寒。有时,为了提高汽车的幼苗运输量,可以将幼苗从穴盘中取出,按次序平放在容器内。在装箱过程中,应注意不要破坏幼苗根系,以免影响定植后的缓苗生长。远距离运输时,若是不带穴盘运输,每箱装苗不宜太满,应留有一定的空隙,防止幼苗呼吸热的伤害。

> 【注意】 不能不使用包装箱而直接将穴盘放置在多层架子上,这样,运输过程的颠簸会使穴盘移位而相互挤压,多会产生严重伤苗的情况。

因为幼苗运输对温度及通风等都有一定的要求,远距离运输时,最好是采用保温空调车。实际生产中,短途运输的情况较多,为降低成本,多采用保温效果较好的无空调车辆运输。即使这样,在冬季运苗时还是应该注意保温,防止极端低温的伤害。

为了防止幼苗储运中质量下降,应该特别注意以下几点。

第一,防止秧苗受冻。在我国北方地区冬季异地育苗远途运输的首要问题就是必须防止幼苗受冻害或寒害。主要措施有:

a. 幼苗锻炼:幼苗通过降温、控水进行锻炼,生长速度缓慢,光合产物积累量增加,茎叶组织的纤维增加,含糖量也明显提高,且降低了叶片的含水量,表皮增厚,气孔阻力加大。经过锻炼,幼苗的抗逆性增强,有利于抵抗储运中低温的伤害。但是,锻炼不可

过度，更不宜过分控水，以免降低幼苗培育质量。另外，在育苗前就应将锻炼的时间计划在内，保证幼苗有足够的苗龄。

b. 喷施植物低温保护剂：在运输前用 1% 低温保护剂喷施 2 ~ 3 次，可以获得耐低温的良好效果。

c. 选用较好的装箱方法或包装箱：在冬季储运幼苗，不要采用穴盘包装方法，否则幼苗容易受冻。以采用裸根包装（将幼苗从穴盘中取出，一层层平放在箱内）较好，包装箱四周衬上塑料薄膜或其他保温材料，防止寒风侵入伤害幼苗，或选择保温防寒效果较好的泡沫箱。

d. 做好覆盖保温：装箱后在顶部和四周用棉被覆盖严实保温，并用绳子固定，防止大风吹开。在天冷的季节应使用箱式货车，有时再加以棉被覆盖。

第二，防止秧苗"伤热"。在夏季高温季节运输秧苗，应采取措施防止秧苗"伤热"而受到伤害。

a. 避免高温装箱：储运前，幼苗处于活力旺盛的生长阶段，在正常生长条件下，光合强度大，呼吸作用也旺盛，一旦离开正常的生长环境（断绝光、水、肥），光合成阻断，但呼吸作用仍在进行。为了减少幼苗的呼吸消耗，不仅要控制储运期间的温度，同时必须注意装箱时的秧苗温度，尽量避免温室高温时装箱，防止"田间热"带入箱内，加大幼苗的呼吸量而降低其质量。

b. 喷施幼苗保鲜剂：幼苗质量保鲜剂具有防病、降低水分蒸散和提高植物免疫等功能，在幼苗储运前一天按规定的含量喷施可以获得比较明显的保鲜效果，显著提高幼苗的质量保持率。

c. 增加幼苗包装箱内的湿度：幼苗储运阶段已经失去水分的供给，所以维持较高的空气湿度可以降低幼苗水分的蒸散强度，从而起到保鲜的效果。但是，湿度过高，特别是高温高湿有利于微生物活动，导致病害的发生与幼苗的腐烂。因此，在储运时温度适宜或在适宜范围内偏低，可以通过装箱前浇水或喷水以增加储运期间箱内小环境的空气湿度；如果大环境气温高而储运工具又无法控温，可以采用根部微环境的保水处理措施（如在根系水分条件较好时用保湿材料包裹根系等），以保持幼苗不萎蔫。

d. 提倡夜间运输：在夏季运输幼苗，尽可能在夜间行车，因为在炎热的夏季，昼夜最大温差可达20℃；另外，夜间运苗，一般路程次日上午即可到达，如此可以争取时间，及时定植，快速成活。

第三，防止幼苗"风干"。夏季幼苗运输过程中，苗箱一般不进行覆盖，风力大，处于外部的苗箱中幼苗，叶片蒸腾加快，失水也加快。应采取有效措施保水，防止幼苗过快失水而萎蔫。一般可采取下列几种措施。

a. 保水剂的应用：保水剂又称高吸水剂、保湿剂、超强吸水树脂，是一种有机高分子聚合物。它能够吸收比自身重数百倍甚至上千倍的水，可以缓慢释放供作物利用。试验证明，保水剂在无土穴盘育苗中的应用有较明显的效果。

b. 育苗期喷施植物生长调节剂：夏季高温季节育苗，除非有很好的降温设备，否则幼苗极易徒长。徒长的幼苗含水量大，叶片机械组织与保护层均不发达，容易失水萎蔫。育苗时，应适当喷施B-9、矮壮素、多效唑等生长调节剂，促使幼苗矮壮，减少储运中幼苗的水分损失。

c. 抗蒸腾剂的应用：一系列的试验证明，典型的抗蒸腾剂黄腐酸能提高作物的抗旱能力。喷施黄腐酸可以起到幼苗保水、抗旱的作用，从而提高其储运质量保持率。特别在夏季育苗与储运，黄腐酸的作用更为明显。

d. 给水与防风：夏季育苗时，在储运幼苗前应注意充分给水。为了起到防风、防旱的目的，可以采用车厢整体覆盖的方法，尽量减少车厢内的空气流动。在这种情况下，包装箱应有通气孔，箱和箱之间还应留有一定的空隙，防止幼苗呼吸热对其造成的伤害。

第三节　棚室蔬菜施肥技术

一　配方施肥技术

配方施肥是根据蔬菜的需肥规律、土壤供肥性能与肥料效应，在以有机肥为基础的条件下，产前提出氮、磷、钾和微肥的适宜用量和比例，以及相应施肥技术的一项综合性科学施肥技术，具有增

加产量、培肥地力、增进品质、合理分配有限肥源等优点。该技术不但能做到因地制宜，节约用肥，而且能最大限度地满足蔬菜生长发育的需要，提高肥料利用率，增产增收，提高蔬菜生产的经济效益。

1. 测土配方施肥原则

首先根据不同蔬菜类型和品种、生长发育和产量，测定土壤养分含量情况，确定施肥种类、数量和方法。根据农家肥和化肥的特点，合理搭配施肥。农家肥的肥效长，含养分全面，有微生物活动，可以疏松和改善土壤品质，具有明显提高蔬菜产量和改善蔬菜品质的作用，宜作为基肥。化肥速效，有效期短，含养分单一，宜作为追肥。为了提高有机肥和化肥的利用率，发挥肥效，一般将两种肥料搭配混合使用。根据蔬菜的生长发育情况和需要养分的多少，确定追肥数量、次数和间隔时间。如果是生长发育很好、生育周期短的蔬菜，宜少追肥或不追肥；生长发育差、生育期长的蔬菜，应增加追肥次数，多追肥。一般每隔 7～15 天追 1 次，共追 3 次～5 次。

2. 测土配方施肥的测定内容、时间和方法

1）测定的主要内容有：土壤性质，酸碱度，有机质含量，含水量，氮、磷、钾、钙、铁、硼、锰、锌、铜等元素的含量。

2）测定的时间：应在蔬菜播种栽培之前或农闲时进行，也可以在蔬菜生长期进行田间测土，为及时追肥提供数字依据。

3）测定的方法：一是用土壤速测箱在田间测土，该法简单、方便、快速，当时就可以出结果；二是把土壤取回实验室，进行分析测定，这种方法比较麻烦，但数据较精确。

二 冲施肥技术

冲施肥又叫水冲肥，它是一种追肥的方式。说通俗些实际就是把固体的速效化肥溶于水中并以水带肥的方式施于土壤。通过肥水结合，让可溶性的养分渗入土壤中，再为作物根系所吸收。由于冲施肥的肥效来得快，一般冲后 2～5 天就可以见效，反映在叶色和株高上的变化明显，很符合一些急于求成的种植者心理，因此，冲施肥近年来发展很快，被广泛采用，除了蔬菜，其他经济作物的种植中也采用此方法。

那么怎样用好冲施肥呢？主要注意以下4点：

① 正确选择肥料种类。只有水溶性肥料方可随水施用。在氮肥中常用的有尿素、氨水、硫铵和硝铵；钾肥中有氯化钾和硫酸钾，也可以用硝酸钾；而磷肥中即使是水溶性的一铵和二铵，也不要冲施，其原因是磷肥溶解后移动性很差，容易被固定，不能随水渗入到根层。

② 冲施肥单次的养分量一定要规范。在高产蔬菜种植中，每次的纯氮用量应控制在2～4kg/亩，尤其是硝态氮素要控制在2～3kg/亩以下，有限次数的钾肥用量（氧化钾）一般在2～4kg/亩。否则，养分的浪费和损失大，降低其利用率，又可能造成水质污染。全生育期的冲施肥一般以施用2次为宜。

③ 冲施肥的施用时间。某些经济作物如各种蔬菜、果树等生长速度快或有大量结果期的，如果施用普通肥料，因养分释放转化慢，肥效迟缓，势必影响产量和质量。特别是在冬季大棚栽培作物时，因为低温、日照不足等不利条件，选择一种质量可靠的冲施肥进行施用，效果非常好。

④ 控制水量。冲施肥和施用其他肥料的原则是一样的，也讲究深施和集中施用等。对于一些浅根性叶菜类作物或追肥操作时不方便的作物可以随水冲施，但要控制水量，不可过少或过量，以促使养分分布均匀。但对于一些深根性作物如黄瓜、番茄和果树等应进行沟施或穴施，施用前可先将冲施肥稀释到一定倍数，均匀分配到事先挖好的沟或穴内，再浇少量水即可。

另外，冲施肥在使用过程中要根据种植区内的土壤供肥能力、底肥施用量及所种植作物的需肥特点，确定适合的冲施肥品种。

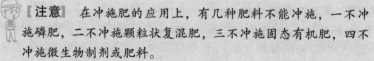

【注意】 在冲施肥的应用上，有几种肥料不能冲施，一不冲施磷肥，二不冲施颗粒状复混肥，三不冲施固态有机肥，四不冲施微生物制剂或肥料。

三　二氧化碳气体施肥技术

二氧化碳作为植物生长的主要物质原料，是影响植物生长、发

育和功能的关键因子之一，它既是光合作用的底物，也是初级代谢过程、光合同化物分配和生长的调节者，参与植物体内的一系列生化反应，对植物生长有直接影响。二氧化碳含量升高不仅能显著提高植物的光合作用效率，同时还能通过扩大光源利用范围来促进植物的光合作用。二氧化碳在空气中的含量比较稳定，变化不大，一般为 0.03% ~ 0.04%。在温度 25℃ 以下时，随着温度的升高，光合作用增强，创造的有机物质增多，植物表现出旺盛的生长状态；当温度超过 30℃ 时，光合作用创造的有机物与作物呼吸作用消耗的有机物相同，甚至少于呼吸作用消耗的有机物，植物停止生长。冬季温室蔬菜生产为了保温的需要，常使大棚处于密闭的状态，造成棚内空气与外界空气相对阻隔，二氧化碳得不到及时的补充。日出后，随着蔬菜光合作用的加速，棚内二氧化碳含量急剧下降，有时会降至二氧化碳补偿点（0.008% ~ 0.01%）以下，植物几乎不能进行正常的光合作用，影响了自身的生长发育，造成病害和减产。

可以通过下列几种方法补充二氧化碳：

① 通过燃烧白煤油和焦炭的方法增加温室中的二氧化碳，能起到增产作用，可是由于成本高和燃烧时易产生有害气体，大面积推广受到影响。

② 用燃烧天然气的方法增施二氧化碳。

③ 用碳酸氢铵（化肥，以下简称碳铵）加硫酸、盐酸的办法补施二氧化碳气肥，效果也很好，但这两种酸都具有强腐蚀性，容易烧伤皮肤，不易操作。

温室蔬菜增施二氧化碳技术是实现高产、优质的重要措施。高含量的二氧化碳能部分地抑制呼吸作用，减少呼吸消耗，同时二氧化碳作为光合作用的原料，含量升高能增强光合作用，增加叶的糖含量，使生长加快。通过使用二氧化碳气体施肥，蔬菜营养充足，有光泽、鲜亮，颜色墨绿健壮，品质甜脆、鲜嫩，口感好。同时由于蔬菜所需要的条件和物质能充足供应，生长速度快，植株健壮、抗病能力明显增强，生长期延长、产量大增。

四　叶面施肥技术

与根部施肥相比，叶面肥具有能够迅速补充作物养分、提高肥料利用率的特点。尤其是当植物根部施肥方法不能及时满足需要时，可以采用叶面喷施的方法迅速补充作物所需的营养。如在植物生长后期，根系活力衰退，吸肥能力下降时；在植物生长过程中，表现出某些营养元素缺乏症时；当土壤环境对植物生长不利，植物根系吸收养分受阻时，喷施叶面肥会同样起到补充养分的作用。

　　叶面肥包括的品种很多，归纳起来有二大类：一是肥料为主，含几种或十几种不同的营养元素，这些营养元素包括氮、磷、钾、微量元素、氨基酸、腐殖酸等；二是纯植物生长调节剂或在以上肥料中加入植物生长调节剂。叶面肥是供植物叶部吸收的肥料，其施用方法以叶面喷施为主，有的也可以用来浸种、灌根。随着我国农业科技的发展，叶面肥市场也在逐渐扩大，目前获得农业部登记证的产品已达200多种。我们在选购和使用叶面肥时应注意到以下几个方面。

　　（1）叶面肥的选购　购买叶面肥时首先要看其有没有农业部颁发的登记证号，凡是获得了农业部登记证的产品都经过严格的田间试验和产品检验，质量有所保障。

　　（2）叶面肥的使用

　　1）不同的叶面肥有不同的使用量，不是用量越高越好。如含生长调节剂的叶面肥使用量适宜会对植物生长有促进作用，但用量过高会抑制植物的生长；含有营养成分的叶面肥使用量过高会出现烧苗现象。一方面要根据产品说明书的要求进行配制，另一方面要进行小面积试验确定有效的使用量。另外，在配制叶面肥时应注意将喷雾器清洗干净，有些叶面肥可以与农药混合喷施而有些则要求单独喷施，因此，要首先看清楚说明书上的要求。喷施叶面肥把握最佳用量，可以达到事半功倍的效果。用量过高，易发生肥害或毒素症；用量过低，达不到施肥的目的。常用肥料最佳用量为：尿素0.5%～1%，磷酸二铵0.2%～1%，氯化钙0.3%～0.5%，硫酸锌0.05%～0.2%。

　　2）不同植物、不同生育期，叶面肥的使用效果也不一样，有的叶面肥适合于生育前期喷施，有的适合于生育后期喷施，有的前后期都要喷施。从多数试验结果看在前、中期喷施的效果要好于后期。

另外，叶面肥的施用时期还与肥料品种有关，如通过增加植株的细胞分裂数量从而达到提高蔬菜产量的植物生长调节剂，应该在生长前期喷施。而在豆角等蔬菜花蕾期和始花期喷施含硼、钼的微量元素肥料，可以防止"花而不实"，提高结荚率。一般蔬菜苗期，始花期或中、后期等需肥关键期是喷施叶面肥的最佳时期。

3）不同植物对叶面肥的反应不同。一般来说，双子叶植物如黄瓜、马铃薯、菠菜等叶面积较大，角质层较薄，肥液容易渗透进去，因此，这类植物根外追肥的效果较好。单子叶植物如葱蒜类等，叶面积较小，角质层较厚，肥液渗透比较困难，叶面肥的增产效果差一些。

4）叶面肥是否溶解完全和稀释程度对喷施效果影响很大。叶面肥的剂型有两种：固体和液体。特别是固体粉状的叶面肥溶解较慢，放入喷雾器中，加水后，要充分搅拌，使它完全溶解了才可喷施。液体肥料在稀释时也应该严格按照说明书上的要求操作。各种叶面肥之间混合喷施，或肥料和农药混喷，能起到一喷多效的作用，但混喷时应该先弄清肥料的性质和农药的性质。如果性质相反，决不可混合喷施。配制混合溶液时，一定要搅拌均匀，现配现用，一般先把一种肥料配制成水溶液，再把其他肥料按用量直接加入配制好的肥料溶液中，溶液摇匀后再喷施。

5）喷施叶面肥的时候要注意天气、温度和湿度，应尽量使肥液有较长的时间附着在叶面上，供植物充分吸收。应选择在不刮风的天气、日照弱、温度较低的时候喷施，一般在9：00以前，16：00以后，水分蒸发减弱，有利于植物吸收肥粉。空气湿度大的时候，叶面肥喷施后不容易干，植物吸收好，但下雨之前不要喷施，以免肥液被雨水冲洗掉。施用时应尽量提高喷雾器的雾化程度，全株喷施，新生叶片及叶面的背后不能漏喷。一般蔬菜在整个生长期喷施2～4次为宜。

6）叶部吸收养料是从叶片角质层和气孔进入，最后通过质膜而进入细胞内的。因此，喷施叶面肥时要注意叶面的正反面都要喷到，且喷均匀。因为叶片的气孔分布在叶片的正反两面，而有的植物背面的气孔数量比正面还多，吸收得更好。植株的上、中、下部叶片、茎秆由于新陈代谢活力不同，吸收外界营养的能力也不同，上、中部叶片生命力最旺盛，吸收营养物质的能力也最强，同时，它们的光合作用能力也最强，通过光合作用制造的养分也最多。

（3）常见叶面肥的种类

1）大量元素叶面肥料。大量元素叶面肥料以大量元素为载体，合成抗性酶制剂、内源精华素、拮抗剂、达到全面营养，抗病强株的最佳防治效果。

2）含氨基酸叶面肥料。含氨基酸叶面肥料含有氨基酸和多种微量元素，能补充植物所需的各种营养元素。水溶性好，植物吸收快。含氨基酸叶面肥料功效有：

① 可以缓解植物药害、冻害、涝害、僵苗、重茬现象。

② 能防止植物小叶、黄叶、卷叶、僵果、裂果，同时可以提高植物抗御病虫害和逆境的能力，增强杀菌剂药效。

③ 植物叶片加深加绿，增强植物光合作用，增加干物质积累，促进生长，保花保果，提高坐果率，并能提高产量和改善品质。

3）含腐殖酸叶面肥料。腐殖酸是构成土壤腐殖质的主要成分，它含有种官能团，是农业上广泛作为生产腐殖酸复合肥料的原料，可以改良土壤，增进肥效，促进植物生长。将腐殖酸与化肥配合施于农作物，能收到更好的效果。

4）海藻酸叶面肥料。海藻酸叶面肥料采用尖端科技和先进制造工艺，以 EDDHA（乙二胺二邻苯基乙酸）为螯合剂，辅以海藻酸，采用生物活化剂充分螯合活性氨基酸、海洋活性酶、硝态钾、甲壳素等科技和先进工艺制造的高科技精品。

海藻酸叶面肥料对蔬菜生长有以下 3 个特点。

① 高含量、全水溶、见效快、持效长。

② 能增强光合作用，强力生根、快速绿叶，补充营养、植株健壮，保花坐果，快速膨果、美果，补救药害、冻害效果显著，大幅度提高蔬菜产量。

③ 能补充营养，对蔬菜缺素造成的不长新根、生长缓慢、红根、黑根、烂根、死苗、死棵、猝倒、枯萎、萎蔫、黄叶、小叶、鸡爪叶等症状功效特别显著。

第四节　棚室蔬菜无土栽培技术

无土栽培指不使用天然土壤而使用营养液灌溉进行蔬菜栽培的方法。我国常见的无土栽培方式有营养液膜水培、浮板毛管水培、深液流水培、喷雾栽培、有机生态型基质固体栽培、基质袋培、岩棉培、基质槽培、鲁SC—1型槽式基质培等。

无土栽培最基本的设备应包括两部分：一是栽培保护设备，如温室、塑料大棚及中、小塑料拱棚等；二是用于无土栽培的配套设置，如栽培槽、储液池、供排液管道、基质及自动化控制系统等。

一　无机营养无土栽培技术

1. 营养液膜栽培（图3-21、图3-22）

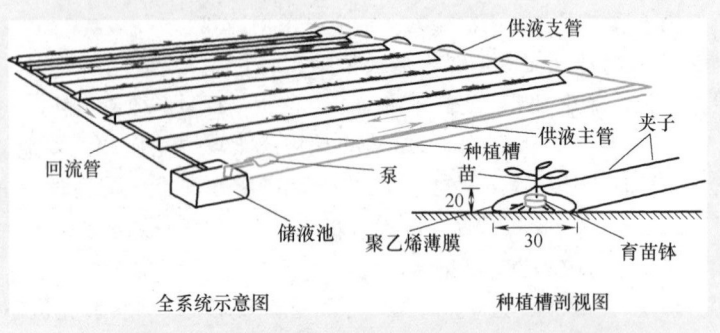

图3-21　营养液膜栽培系统示意图（单位：cm）

图3-22　营养液膜栽培

大型蔬菜栽培槽的槽体长度根据地形条件而定，一般 10～20m 均可，槽底宽 25～30cm，槽高 20cm，底面整平压实，有一定坡降（1: 75 左右）。上边铺一层黑白双色塑料薄膜，宽 75～80cm，略长于畦长，白色在下、黑色在上（厚度为 0.2mm 左右），将带苗的育苗块（一般为岩棉育苗块）按株距摆放在槽体中间，呈一行。然后将两边的薄膜兜起，呈三角形，植株露于三角膜上边的外侧，两边用夹子夹住固定，内部防止曝光，以利于根系生长。每个栽培槽的一端设 2～3 个直径为 2～3mm 的细管注入栽培槽内，使栽培槽底部供应的营养液呈一层薄膜。每槽每分钟的供液量以 2L 为宜。小型蔬菜栽培槽的形式不尽相同。有的栽培床是由聚苯乙烯制成的呈波形的栽培床。设备包括栽培床、盖板、电泵及时间控制器几部分。栽培床长 300cm、宽 100cm，床架高 50cm 左右，用床腿支撑，平放在地面上。床体呈波形，波形沟深度 5cm 左右，101cm 宽的床面上，设波状沟 6～7 行，下部用隔热材料填实，上面覆上盖板，顺波沟打上栽培孔，用以固定蔬菜，孔距根据蔬菜株距确定在栽培床一端，每一栽培沟与供液管相连，定量供液。

营养液膜栽培的条件要求较高，须注意以下几点：

① 不论什么栽培设置，栽培槽底部必须十分平滑，并保持一定坡降，以便营养液流通顺畅。

② 保持不断供液，一般每槽供液量为 2L/min，长的栽培槽 4L/min。供液量不足会影响根系的氧气供应。储液池的营养液供栽培循环使用。一般每亩地的储液池约 1～1.5m³。

③ 营养液膜栽培对营养液的盐度及 pH 要求更为严格，因此要经常地进行检测。番茄营养液的电导度为 2.5～3.5μS/cm；莴苣营养液为 1.5～1.8μS/cm。营养液的 pH 应保持在 5.5～6.5。

④ 营养液膜栽培蔬菜与空气接触面较大，槽温受气温影响而变化较大，因此应注意气温变化或采取必要的控温措施。

⑤ 由于营养液为循环使用，一旦发生病害污染极易扩散，需注意栽培设施用具的消毒和卫生管理。

2. 浮板毛管水培（图 3-23）

栽培槽采用隔热性能良好的聚苯乙烯膜泡沫板压模制成长 1m、

宽 0.4m、深 0.1m 的凹形槽，可连接成长 15～30m 的栽培槽，内衬垫黑色聚乙烯膜防渗漏，槽内液面飘一厚 1.25cm 的浮板，宽度不超过定植板上两行定植穴的行距，浮板上铺规格为 50g/m² 的无纺布，成湿毡状，由定植穴伸入液面的定植杯紧靠浮板两侧定植蔬菜。营养液由定时器控制水泵，每天定时输液，通过管道，空气混合器流入栽培槽更换培养液，经由排液口流回储液池。根系耗氧量大的蔬菜也可以采用岩棉块或聚氨酯泡沫块育苗，育苗块直接置于浮板中间，铺一条软滴灌带与进液口相连，以增加苗期湿毡上的供液量，等浮板上湿气根长到一定程度，根系自然就伸到培养液中吸收水肥。进水口可以接空气混合器以增加丰氧功能，出水口将调节截面，一般每 1～2h 供液 1 次。

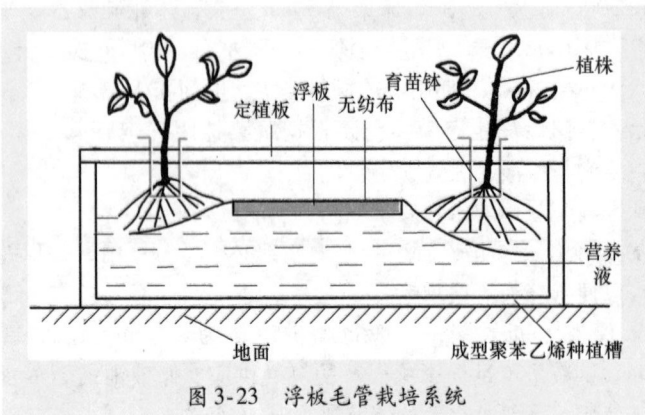

图 3-23　浮板毛管栽培系统

3. 深液流水培

深液流水培种植系统横切面结构，见图 3-24。这种系统与营养液膜技术差不多，不同之处是流动的营养液层较深（5～10cm），植株大部分根系浸泡在营养液中，根系的通气靠向营养液中加氧来解决。这种系统的主要优点是解决了在停电期间营养液膜系统不能正常运转的困难。整个系统基本由地下营养液池、地上营养液栽培槽、水泵、营养液循环系统和营养液过滤池及植株固定装置等部分组成。营养液由地下营养液池经水泵通过供液管道注入营养液栽培槽，栽培槽内的营养液通过液面调节栓经排液管道通过过滤后又回到地下营养液池，使营养液循环使用。深液流水培法目前在广东省推广面积较大。

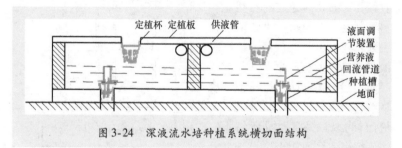

图 3-24　深液流水培种植系统横切面结构

4. 鲁 SC—1 型无土栽培

鲁 SC—1 型无土栽培及栽培槽示意图，见图 3-25、图 3-26。栽培槽体呈倒三角形，上宽与槽高为 20 ~ 22cm，槽长 2.5 ~ 3.0m，中间设垫箅一层，上铺棕皮，填入基质，垫箅下部为空间，供营养液流动供液。栽培槽两端各设 10cm 空档，一端与进水管相连，另一端设虹吸排液管，供液达到一定高度后，营养液由虹吸管自动排出，自上而下，循环供液。在高大的温室内可以上下吊挂 2 ~ 3 层槽体，如果在塑料大棚内栽培可以在地面设一层栽培槽。栽培槽可以用铁皮做成，也可以用水泥和砖砌成，或者就地取土打成。如果是用土打制的槽体，在槽内需先铺一层 0.15mm 厚的聚乙烯薄膜，在槽两端

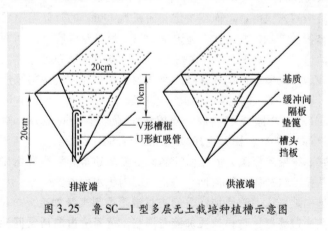

图 3-25　鲁 SC—1 型多层无土栽培种植槽示意图

设置供液与排液槽头，以便供液与排液使用。供液管由直径为25mm钢管或硬质塑料管制成，并与每一供液槽头处相连，由此处供液。排液槽头处设直径为20~24mm虹吸排液管，并与排液总管相连，排出的营养液流回储液池，如此循环供液。每亩栽培面积需要设容积为5~6m³的储液池一个，一般设在温室中部。储液池用砖砌成，用优质水泥抹

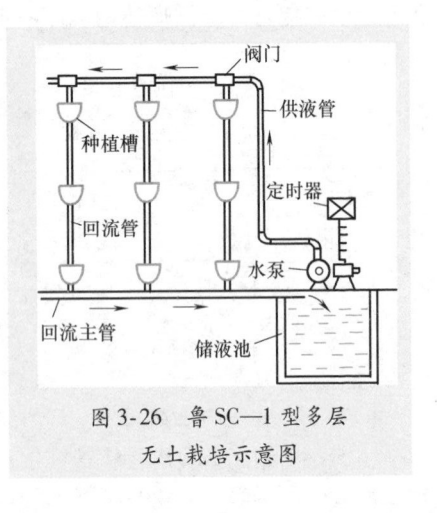

图3-26 鲁SC—1型多层
无土栽培示意图

面。营养液由时间控制器启动电泵，定时定量供液，一般每天供液3~4次，每次约15min。营养液灌满储液槽后再流回液池。

5. 岩棉栽培

岩棉种植垫种植示意图，见图3-27。岩棉栽培的给液方式分为循环式和非循环式。全封闭循环式给液可以避免营养液排出时对土壤造成的二次污染，保护环境。营养液槽是用砖和水泥砌成的不漏水的水槽，为使供液均匀一般将营养液槽设置在日光温室中央位置。营养液槽的容积由栽培面积决定。面积为400m²的日光温室营养液槽的容积在7~10吨为宜。为防止渗漏，营养液槽底面与四周要铺一层油毡。为了清理方便，在槽底砌一个20cm见方的小水槽。岩棉培的栽培床以聚苯板构成床体，对薄膜起保护作用。塑料膜用来包裹岩棉块，并使营养液不外漏。塑料膜为宽1~1.1m、厚0.12~0.15mm的银灰膜或黑白膜。岩棉块是蔬菜生长的地方，使用宽30cm、厚7~8cm、长90~100cm的农用岩棉。岩棉块底部与塑料膜之间垫3行聚苯板条，形成回液沟，使多余的营养液存在沟中，并顺沟从排液口和排液管流回，防止根部因积水而发生沤根。从营养液槽通向栽培床中软质加液管的主管道粗细与水泵相应，并在主管道上装一过滤器，防止软质加液管堵塞。营养液由泵从营养液槽抽

出，经过滤器由加液主管进入加液软管，流入岩棉块被植物吸收，剩余部分顺聚苯板条构成的回液沟经排液口和排液主管流回营养液槽，完成一次循环。

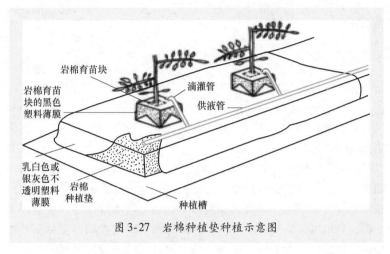

图 3-27　岩棉种植垫种植示意图

6. 喷雾栽培法（图 3-28）

喷雾栽培法的栽培容器呈梯形，蔬菜栽于两侧平面上，根系悬挂在梯形容器内，在容器内设若干营养液喷头，喷出的营养液成雾

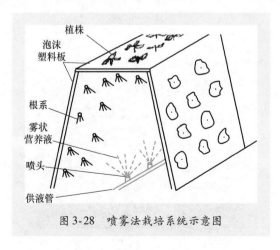

图 3-28　喷雾法栽培系统示意图

状，满足蔬菜对营养和水分的需求，使水、肥、气三者得到协调充分的供应。一般每 3 ~ 5min 喷雾一次，每次连续喷雾数秒钟，这种方法对喷头工艺要求很高，要求雾化程度要好，雾滴过粗或不均匀则会影响蔬菜生长。此外，应设置控温装置，保证根系温度应相对稳定。

7. 基质槽培法（图 3-29）

基质槽培法是指在一定的槽体内填入基质，供应营养液栽培蔬菜，其设备包括栽培床、储液池、电泵和营养液供排管道等。南非槽栽法的栽培槽一般长 15m、宽 1.2m、高 30cm，用砖砌成墙，墙厚 13cm；槽底可以砌底，供液后回收营养液，也可以不砌底，供液后不回收营养液；或者将肥料干施在基质层内，通过浇水满足蔬菜对营养和水分的需求。美国系统槽栽法是以沙子作为基质，由栽培床、储注池、抽水电泵和供排液管道等几部分组成；其特点是营养液从槽底部进入栽培床，再流到储液池中，整个营养液都在一个封闭系统内，通过电泵强制循环供液，回流时间由时间控制器控制；栽培槽体根据地形及栽培要求安排。荷兰槽栽系统与美国系统的不同点是让营养液悬空落入栽培床中，在栽培床末端底部设营养液出口，直径为注射管直径的一半，使整个循环系统形成一个节流状态，供液时将储液池中的营养液通过电泵打入供液注入口，循环使用，每次灌液时能将栽培床中的营养液全部更新。

图 3-29　基质槽培法

8. 固体基质袋培法（图3-30）

固体基质袋培法是用尼龙袋或黑白双色聚乙烯袋装入基质，一般用于栽培瓜类或茄果类蔬菜。按株距在袋上打直径为8～10cm的孔，按行距呈枕式摆放在地面上，安装滴灌管供应营养液。每孔栽放一株蔬菜并安装一根滴灌管供液。栽培袋内装入的基质一般为草炭占40%、蛭石占30%、珍珠岩占30%的混合基质。袋培的另一种形式为立式袋培。立式袋培的袋高和宽各为30cm，容量为30L，每袋栽一株大型果菜植株，用滴灌供应营养液。基质用单一或混合种类均可。

图3-30 基质袋培法

二 有机生态型无土栽培技术

1. 有机生态型无土栽培技术的特点

有机生态型无土栽培技术是指不用天然土壤而是基质，不用传统的营养液灌溉植物根系，而使用有机固态肥并直接用清水灌溉植物的一种无土栽培技术。因此有机生态型无土栽培技术具有一般无土栽培的特点，如提高蔬菜的产量与品质、减少农药用量、产品洁净卫生、节水节肥省工、利用非可耕地生产蔬菜等。

（1）用有机固态肥取代传统的营养液 传统无土栽培是以各种无机化肥配制成一定含量的营养液，以供蔬菜吸收利用。有机生态型无土栽培则是以各种有机肥或无机肥的固体形态直接混施于基质中，作为供应栽培蔬菜所需营养的基础，在蔬菜的整个生长期中，

可以隔几天分若干次将固态肥直接追施于基质表面上，以保持养分的供应强度。

（2）操作管理简单　传统无土栽培的营养液，它需要维持各种营养元素的含量及各种元素间的平衡，尤其是要注意微量元素的有效性。有机生态型无土栽培因采用基质栽培及施用有机肥，不仅各种营养元素齐全，微量元素更是供应有余，因此在管理上主要着重考虑氮、磷、钾三要素的供应总量及其平衡状况，大大地简化了操作管理过程。

（3）大幅度降低无土栽培设施系统的一次性投资　有机生态型无土栽培不使用营养液，从而可以全部取消配制营养液所需的设备、测试系统、定时器、循环泵等设施。

（4）大量节省生产费用　有机生态型无土栽培主要施用消毒有机肥，与使用营养液相比，其肥料成本降低 60% ~ 80%。从而大大节省了无土栽培的生产成本。

（5）对环境无污染　在无土栽培的条件下，灌溉过程中 20% 左右的水或营养液排到系统外是正常现象，但排出液中盐含量过高，则会污染环境。有机生态型无土栽培系统排出液中硝酸盐的含量只有 1 ~ 4mg/L，对环境无污染；而岩棉栽培系统排出液中硝酸盐的含量高达 212mg/L，对地下水有严重污染。由此可见，应用有机生态型无土栽培方法生产蔬菜，不但产品洁净卫生，对环境也无污染。

（6）产品质量可达"绿色食品"标准　从栽培基质到所施用的肥料，均以有机物质为主，所用有机肥经过一定加工处理（如利用高温和嫌氧发酵等）后，在其分解释放养分过程中，不会出现过多的有害无机盐，使用的少量无机化肥，不括硝态氮肥，在栽培过程中也没有其他有害化学物质的污染，从而可使产品达到"A 级或 AA 级绿色食品"标准。

综上所述，有机生态型无土栽培具有投资省、成本低、用工少、易操作和产品高产优质的显著特点。它把有机农业导入无土栽培，是一种有机与无机农业相结合的高效低成本简易无土栽培技术。

2. 有机生态型无土栽培的设施系统构造

（1）槽式栽培　有机生态型无土栽培系统多采用基质槽培的形

式。在无标准规格的成品槽供应时可以选用当地易得的材料建槽，如木板、木条、竹竿、砖块等，槽框以保持基质不散落到走道上即可。槽框建好后在槽底部铺1层0.1mm厚的聚氯乙烯塑料薄膜以防止土壤病虫传染。槽边框高15～20cm，槽宽依不同栽培蔬菜品种而定，黄瓜、甜瓜等茎蔓类蔬菜或植株高大需要支架的番茄等蔬菜的栽培槽标准宽度为48cm，可供栽培2行蔬菜，栽培槽距0.6～1m。生菜、油菜、草莓等植株较矮小的蔬菜，栽培槽宽度可定为72～96cm，栽培槽距0.5～0.8m。槽长依保护地棚室建筑状况而定，一般为5～30m。在有自来水设施或水位差1m以上的储水池的条件下，单个棚室建成独立的供水系统。宽48cm、外径72cm、高18～20cm的栽培槽，可以铺设滴灌管带1～2根；宽72～96cm的栽培槽，可以铺设滴灌管带2～4根。

（2）袋式栽培　基质中选一种或几种按不同比例混装入长90～100cm、宽30cm、高15cm的塑料袋。塑料袋宜选用黑色耐老化不透光筒状薄膜袋，厚度为0.15～0.2mm，直径30～35cm，制成筒状开口栽培袋，袋内可装基质10～15L，可以栽培一株番茄或黄瓜；也可以剪制成70cm长的长方形枕头袋，内装基质20～30L，平置地面，开两个洞栽培两株蔬菜。营养基质袋顺序排列置于温室内，每株苗设一个滴灌喷头，在袋的底部和两侧各开0.5～1cm的孔洞2～3个，排出积存的水分或营养液，防止沤根。

（3）立体垂直栽培　它分为柱状或长袋状栽培，可以生产结球生菜、草莓及多种叶菜。柱状有基质无土栽培可以用石棉水泥管或硬质塑料管，内部充满基质，在其四周开口，将蔬菜定植在孔内的基质上；长袋状栽培可以用粗15cm、厚0.15～0.2mm、长2m、内部充满基质的塑料薄膜袋，下端结扎，悬吊在温室内，在袋的四周开直径为2.5～5.0cm的定植孔，孔内定植蔬菜。有基质栽培柱或长袋摆放密度，行距可为1.2m，柱（袋）距为0.8m，从袋或柱的顶端灌有机质。

3. 有机生态无土栽培的营养管理

有机生态型无土栽培的肥料供应量以氮、磷、钾三要素为主要指标，每立方米基质所施用的肥料内应含有的元素量为：全氮（N）

第三章　棚室蔬菜栽培技术基础

1.5～2.0kg、全磷（P_2O_5）0.5～0.8kg、全钾（K_2O）0.8～2.4kg。这一供肥水平，足够一茬番茄亩产8000～10000kg的养分需要量。为了在蔬菜整个生育期内均处于最佳供肥状态，通常依蔬菜种类及所施肥料的不同，将肥料分期施用。向栽培槽内填入基质之前或在前茬蔬菜收获后，在后茬蔬菜定植之前，应先在基质中混入一定量的肥料作为基肥，这样番茄、黄瓜等果菜在定植后20天内不必追肥，只需浇清水，20天后每隔10～15天追肥1次，均匀地撒在离根5cm以外的基质周围。基肥与追肥的比例为（25∶75）～（60∶40），每次每立方米基质追肥量为：全氮（N）80～150g、全磷（P_2O_5）30～50g、全钾（K_2O）50～180g。追肥次数以所种蔬菜生长期的长短而定。

第五节　棚室蔬菜微灌溉技术

微灌溉包括滴灌、微喷灌、涌灌等形式，通过低压管道系统与安装在末级管道上的特制灌水器，将水以较小的流量，均匀、准确地直接输送到蔬菜根部附近的土壤表面或土层中。

一　微灌系统的组成

微灌系统由水源、首部枢纽、输配水管网和灌水器四部分组成（图3-31）。

（1）水源　河流、井泉等所有水质符合微灌要求的水源均可。

（2）首部枢纽　通常由水泵及动力机、控制阀门、水质净化装置、施肥装置、计量和保护设备等组成，担负着系统的驱动、检测和调控任务，是全系统的控制和调配中心。

（3）输配水管网　干、支、毛管担负着输水和配水的任务，一般均埋入地下，根据灌溉面积的大小，管网的级别划分也有不同。在面积较小的地块，也可以用移动式微灌。

（4）灌水器　灌水器有滴头、微喷头、涌水器、滴灌带等多种类型，或置于地表，或埋于地下。灌水器的结构不同，水的流出形式也不同，有滴水式、漫射式、喷水式和涌泉式等，相应的灌水方式也称为滴灌、微喷灌和涌灌。

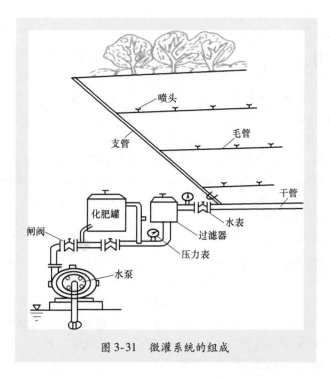

图 3-31 微灌系统的组成

二 膜下滴灌技术

1. 膜下滴灌的供水

　　大棚滴水灌溉用水多数为井水，但用提井水的泵直接向棚内滴灌供水，存在着同时供水而多品种蔬菜不同时用水的矛盾。因此，大棚滴灌的供水一般应选择以下几种形式。

　　（1）压力罐供水　对于大棚多而又集中的片区，一般采用压力罐集中加压。压力罐安装在水泵和滴灌之间，可以在无人控制的情况下保证管网连续工作，棚内不再另设加压设备。在水源处设置旋流水沙分离器和筛网过滤器组成的过滤设施。压力罐供水一次性投资小、管理方便，缺点是增加了灌溉运行的费用。

　　（2）建水塔供水　在大棚集中的区域中心，建设供每个大棚滴灌用水的水塔，满足大棚滴灌所需的压力和不稳定的用水。在水泵与水塔的输水管道上装过滤器等。建设水塔一次性投资较大，但运行费用低，还可以起到一定的调蓄水量的作用。

（3）单棚小泵供水 对于每个大棚，在大棚外附近建 $5 \sim 7m^3$ 的地埋式蓄水池，用机井集中向池中供水，滴灌时单棚装微型水泵加压，并在滴灌开始处装过滤器等。就整体计算，投资较大，但就每个大棚来说易建易管。

2. 膜下滴灌的应用

（1）滴灌毛管的选用 蔬菜等条播密植作物，根系发育范围小，对水分和养分的供应十分敏感，要求滴头布置密度大，毛管用量多，因而毛管选用价格较低的滴灌带，可以有效地降低滴灌造价，且运行可靠，安装使用方便。

（2）膜下滴灌的布置 在滴灌进棚前，应顺棚跨（或棚长）起垄，垄宽 40cm、高 10 ~ 15cm，做成中间低的双高垄，滴灌带放在双高垄的中间低凹处，垄上覆盖地膜。双高垄的中心距一般为 1m，因而滴灌毛管的布置间距为 1m。每根滴灌毛管的长度一般与棚宽（或棚长）相等，对需水量大的蔬菜有时也布置两道毛管。支管布置一般顺棚的后墙（或顺棚跨），长度与棚长（或棚跨）相等。在支管的开始处安装施肥装置和二级网式过滤器等。

（3）滴灌蔬菜的效益 大棚温室膜下滴灌一般比大水漫灌节水 70% 左右，并能大幅度降低棚内湿度，减少病虫害，提高蔬菜的品质，且比大水漫灌棚温高，鲜菜可以提前上市半个月。大棚温室膜下滴灌蔬菜可以增产 20% ~ 40%，投资回收期一般为 4 ~ 6 个月。

3. 膜下滴灌的管理

（1）规范操作 要想达到蔬菜滴灌的最佳效果，设计、安装、管理必须规范操作，不能随意拆掉过滤设施和在任意位置自行打孔。

（2）注意过滤 大棚温室膜下滴灌蔬菜，要经常清洗过滤器内的网，发现滤网破损要更换，滴灌管网中发现泥沙应及时打开堵头冲洗。

（3）适量灌水 每次滴灌时间的长短要根据缺水程度和蔬菜品种决定，一般控制在 1 ~ 4h。由于滴灌能保持地面不板结，且透气性好，因此不适宜种菜的黏质土壤也能获得高产。

三 微喷灌技术

现代农业生产中，特别在棚室蔬菜生产中，微喷灌技术采用较多。采用微喷灌系统调控温棚环境内的水、肥、温度是一种可行的方法。选用质量好的微喷灌设备，并配以良好的使用与管理技术，能很好地发挥其优势，既可节水50%～70%，减少蒸发和渗漏，防止病虫害发生，保证土壤不板结；又能促使蔬菜提前上市，延长产品供应期，为绿色食品生产提供有力保障，同时还能减少农药用量，节约肥料，提高产量20%。下面介绍微喷灌系统的使用与管理。

1. 设备及安装

微喷灌系统包括水源、供水泵、控制阀门、过滤器、施肥阀、施肥罐、输水管、微喷头等。材料选择与安装：吊管、支管、主管宜分别选用管径为4～5mm、8～20mm、32mm和壁厚2mm的PV管，微喷头间距为2.8～3m，工作压力为0.18MPa左右，单相供水泵流量为8～12L/h，要求管道抗堵塞性能好，微喷头射程直径为3.5～4m，喷水雾化要均匀，布管时两根支管间距2.6m，把膨胀螺栓固定在温棚长度方向距地面2m的位置上，将支管固定，把微喷头、吊管、弯头连接起来，倒挂式安装好微喷头即可。

2. 安装后的检查

微喷系统安装好后，先检查供水泵，冲洗过滤器和主、支管道，放水2min，封住尾部，如果发现连接部位有问题应及时处理。发现微喷头不喷水时，应停止供水，检查喷孔，如果是被沙子等杂物堵塞，应取下喷头，除去杂物，但不可自行扩大喷孔，以免影响微喷质量，同时要检查过滤器是否完好。

3. 微喷系统的使用

喷灌时，通过阀门控制供水压力，使其保持在0.18MPa左右。微喷灌时间一般宜选择在上午或下午，这时进行微喷灌后地温能快速上升。喷水时间及间隔可以根据蔬菜的不同生长期和需水量来确定。随着蔬菜长势的增高，微喷灌时间逐步增加，经测定，在高温季节微喷灌20min，可以降温6～8℃。因微喷灌的水直接喷洒在蔬菜叶面上，便于叶面吸收，促进蔬菜生长。

4. 利用微喷灌施肥喷药

微喷灌能够随水施肥，提高肥效。宜施用易溶解的化肥，每次

3 ~ 4kg，先溶解（液体肥根据蔬菜生长情况而定），连接好施肥阀及施肥罐，打开阀门，调节主阀，待连接管中有水流即可，一般一次微喷 15 ~ 20min 即可施完，根据需水量，施肥停止后继续微喷 3 ~ 5min 以清洗管道及微喷头。根据病情将农药溶解于施肥罐中随水喷洒在蔬菜表面，达到治病的目的。

—第四章—
主要蔬菜棚室栽培技术

第一节　棚室黄瓜冬春茬嫁接栽培技术

黄瓜（Cucumis sativus L.）又称胡瓜、王瓜，原产于喜马拉雅山南麓的热带雨林地区，为葫芦科甜瓜属一年生草本蔓生攀缘植物。黄瓜是我国人民非常喜爱的一种蔬菜，种植非常普遍，南北皆有，一年内可以多茬栽培，供应时间长。近些年，随着黄瓜棚室栽培面积的扩大，栽培技术的不断成熟，日光温室黄瓜冬春茬栽培在棚室栽培中占有举足轻重的地位。

一　品种选择

1. 黄瓜品种

日光温室冬春茬黄瓜栽培，由于冬季、早春光照弱、温度低，要求选用耐低温、耐弱光、雌花节位低、节成性好、抗病性强、早熟、品质好的品种。目前，生产上广泛表现较好的品种有津优1号、津优2号、津春3号、津春4号、新泰密刺、长春密刺、津研、早丰3号、中农11号等。

2. 砧木选择

嫁接砧木应该选择嫁接亲和力、共生亲和力、耐低温能力较强，嫁接后生长出的黄瓜品质无异味的南瓜品种，目前生产上以云南黑籽南瓜砧木最为适宜。

二　嫁接育苗

嫁接育苗是黄瓜冬春茬高产栽培的主要措施之一，嫁接的目的

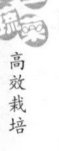

是为了提高黄瓜对枯萎病、根结线虫的抵抗能力和增强黄瓜根系的耐寒性和抗逆性，同时克服因重茬导致的土壤连作障碍。

1. 确定育苗期

日光温室黄瓜冬春茬栽培的播种时期一般在 9 月中旬 ~ 10 月中旬，在黄瓜的播种时期内，南瓜砧木的播种时期依嫁接方法而定。

2. 床土配制及苗床准备

黄瓜幼苗根系小而浅，故要求床土营养充分，应富含有机质，有良好的通气保水性。床土堆置的一般配比为：每立方米含肥沃的园土 3 份 + 腐熟农家肥 1 份 + 细炉渣 1 份 +（二铵 1kg + 50% 多菌灵100g + 敌百虫 50g），充分拌匀，然后将 2/3 床土铺入苗床或装入营养钵，1/3 床土留作覆盖。

苗床准备 3 个：即黄瓜播种床、黑籽南瓜播种床、嫁接苗移植床。苗床应设置在避风向阳地段，按东西向并排建成 1.2m 的苗床，长度按需苗多少而定。南边播黄瓜。这样便于南瓜通风炼苗，使砧木与接穗嫁接时高度、粗度相近。

3. 种子处理及播种

先将黄瓜种子在清水中浸泡几分钟，洗去黏液，漂出瘪种，再用温汤浸种或药液浸种消毒后，放在 30℃ 左右的清水中浸种 4 ~ 5h，出水后催芽。黄瓜种子催芽适温为 25 ~ 30℃。当露白后降温 2 ~ 3℃，防止芽长得细长，当 80% 左右的种子芽长达 3 ~ 5mm 时应适时播种。催芽时种子铺放应当薄些（3 ~ 5cm 厚），而且隔几个小时翻动 1 次，每天清洗 1 或 2 次，使种子温湿条件均匀，出芽整齐。

砧木种子，即云南黑籽南瓜种子，首先晒种 2 ~ 3 天，拣出破损、虫蛀、瘪小、畸形的种子，然后浸种催芽。黑籽南瓜最好用温汤浸种 10min 后再在 30℃ 清水中浸种 8 ~ 10h，洗去种子上的黏质并淘洗干净，捞出种子用干净的麻袋片包好，控去多余水分进行催芽。在 30 ~ 35℃ 温度下催芽 24 ~ 26h 后部分种子露芽，应及时拣出，放在 3 ~ 5℃ 的低温处保存。此后每隔 5 ~ 6h 拣出发芽种子，待存够一定数量后集中播种。一般催芽 4 天后的种子无论是否发芽均不再使用。播种量多时，催芽的种子可分为 2 或 3 批播种，并分批嫁接。

播种期一般安排在9月中旬～10月中旬，此时温室内的温度足以满足黄瓜和黑籽南瓜正常出苗和幼苗生长，因此，可以直接在温床上育苗。黑籽南瓜和黄瓜的播种方法是：先在温室床面上铺好10cm厚的营养土，然后耙平床面，浇透水，待水渗后将低洼处用营养土找平，最后将发芽的黑籽南瓜或黄瓜种子按2cm见方的距离均匀播在床面上，上盖1.5～2cm厚的营养土或细沙，再盖上地膜，必要时上部还可以扣上小拱棚使温度保持在25～30℃。这样3～4天便可以出苗。

【提示】 采用靠接法嫁接育苗，黄瓜应比黑籽南瓜早播4～5天，采用插接法嫁接，黑籽南瓜应比黄瓜早播3～4天。

4. 嫁接方法

（1）**靠接法** 一般接穗苗木较砧木提早4～5天播种，以保证接穗和砧木胚轴粗度接近，便于靠接。砧木和接穗第一片真叶露心至展开时均可嫁接。嫁接前30min将接穗苗和砧木苗带根挖出，用清水轻轻冲去接穗苗根部泥土，置于干净无油渍的容器里，加适量水使根部及下胚轴浸入水中，以保持嫁接时水分充足。砧木苗则可以不洗去根部泥土，但要整齐摆放在嫁接操作台上。嫁接时先把砧木苗真叶和生长点用竹签挖掉，用刀片在子叶下0.8～1.0cm处的胚轴上向下斜切一刀，角度为35°～40°，深度为茎粗的一半。注意挖去生长点时不要过深，以免中腔进水，引起烂苗。然后在黄瓜苗子叶下1.2～1.5cm的胚轴处向上斜切一刀，角度为30°左右，深度为茎粗的3/5。当砧木、接穗切削完毕，一手持南瓜苗，把两切口吻合，使黄瓜子叶在南瓜子叶上面，要一次插好插牢，再用嫁接夹固定，否则易造成错位而影响嫁接苗成活。嫁接夹钳夹时将其内口放于接穗苗一侧，并使嫁接夹下沿与接合口下取平，以利于愈合（图4-1）。

【注意】 因黄瓜幼苗胚轴较南瓜细而软，要下刀准确，不能回刀或错刀，以免影响切口愈合，降低成活率。

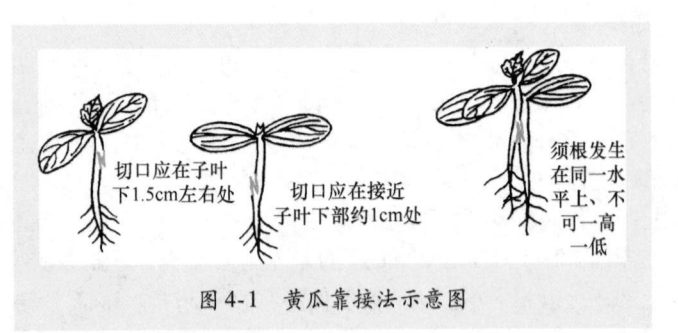

切口应在子叶
下1.5cm左右处

切口应在接近
子叶下部约1cm处

须根发生
在同一水
平上、不
可一高
一低

图4-1　黄瓜靠接法示意图

（2）**插接法**　插接法砧木苗要早播3~4天，当黄瓜苗子叶由黄转绿，真叶露心时即可嫁接。嫁接时先去掉砧木真叶和生长点，同时抹去腋芽，用竹签或插扦与砧木子叶水平线呈40°~45°，从一侧子叶向另一侧子叶方向斜下插，于子叶下0.2~0.3cm胚轴处稍稍露出。用刀片在黄瓜幼苗子叶下0.5~0.8cm处胚轴相对两侧各削一刀，切口长0.6~0.7cm削成楔形，将削好的接穗沿砧木刺孔插入，下端露出茎外0.1cm左右，使砧木与接穗切口密切接合，并使其子叶呈"十"字形交叉，以免相互重叠，影响光合作用（图4-2）。

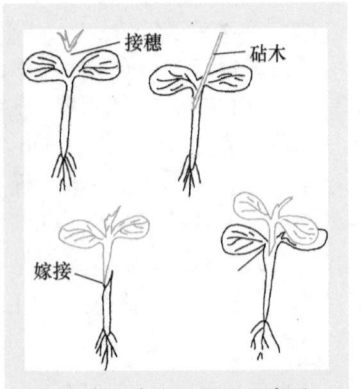

接穗　砧木

嫁接

图4-2　黄瓜插接法示意图

5. 嫁接后管理

嫁接后砧木和接穗的愈合过程，根据接合部位组织变化特征可以分为4个阶段：第一阶段为愈伤组织形成，称为接合期，环境条件适宜，24h即可形成愈伤组织；第二阶段为愈合期，砧木和接穗组织密切结合，开始进行养分、水分交流，需2~3天；第三阶段为融合期，嫁接后3~4天，融合处细胞分裂繁殖旺盛，砧木和接穗组织相混合，两者细胞难以分辨；第四阶段为成活期，此期砧木和接穗组织融合，逐渐形成输导组织的连接维管束，开始真正的共同生长。一般嫁接10天后可以达到成活期。

嫁接后采用分段变温管理可以提高愈合质量，有利于培育壮苗。一般嫁接后 3~5 天内昼温为 20~26℃，夜温为 15~20℃。3~5 天后开始通风降温，昼温为 22~24℃，夜温为 12~15℃。10 天后昼温不超过 23℃，夜温以 10~12℃为宜。对于空气湿度，嫁接后的 4~5 天内空气相对湿度应控制在 90%~95%，但营养钵或床土湿度不宜过高，以免烂苗。为了减少嫁接后接穗失水过多而萎蔫，一般嫁接后 3 天内应全天遮光，3 天后至一周内，10：00~15：00 遮光，以后可全天见光，进入正常管理。

砧木生长点去除后，会促使侧芽萌发，与接穗争夺养分，影响接穗成活和生长，应及时除去侧芽。嫁接后 10 天左右，靠接法嫁接的幼苗易愈合，应及时切断接穗根系，以防病菌侵染。

三 定植

1. 定植前的准备

（1）高温闷棚 高温闷棚是在 6~8 月歇棚期间，利用夏季充足的太阳能进行灭菌的一种简单易行、节省成本、保护环境的有效措施之一。一般操作为：第一步，在上茬黄瓜收获完毕拉秧后，棚膜不要揭开，将棚膜上的漏洞补好，封闭棚膜 10 天左右，闷杀棚室内及植株上的病菌，之后集中销毁。第二步，封闭棚室，进行高温闷棚处理，形成高温厌氧环境，使 20cm 处的地温保持在 50℃以上，插上一个地温表随时观察土壤温度，温室经过高温处理后，室内及土壤内的病虫基本被消灭。但经过高温处理后，土壤中一些微生物也受到了破坏，在定植前，结合整地每亩应施入功能性生物有机肥 120kg，可有效地增加土壤有益微生物，同时还有助于分解土壤中的有害盐分，增强蔬菜抵御霜冻及病虫害的能力，提高肥料利用率，使瓜果早熟，延长采收期，提高产品质量。

（2）物理防虫、驱虫措施 在棚室通风口用 20~30 目尼龙网纱密封，防止蚜虫进入。在地面铺上银灰色地膜，或将其剪成 10~15cm 宽的膜条，挂在棚室放风口处，驱避蚜虫。目前生产上多采用黄板诱杀，即将黄色粘虫板悬挂于棚室中距地面 1.5~1.8m 的高处，每亩放 20~25 个，对蚜虫和白粉虱可以起到较好的诱杀效果。

（3）重施基肥，深翻土壤 亩施充分腐熟的优质农家肥 8000~

10000kg，使土壤有机质含量达4%以上，全氮达0.2%以上，速效氮在0.02%以上，速效磷不低于0.02%。施肥后深翻土壤40cm。

（4）整地做垄

1）整地。先将底肥铺施于地面，然后机翻或人工锹翻两遍，使肥料与土壤充分混匀，之后搂平地面。

2）做垄。一般选用高垄种植，按等行距60～70cm起垄或大小行距起垄，大行75～80cm，小行50～55cm，垄高15～20cm。水果型黄瓜如玛利亚等品种种植要求宽窄行距，宽行沟间行距80cm，窄行为垄宽行距70～75cm。

2. 定植

（1）选择壮苗 壮苗的标准如图4-3所示。

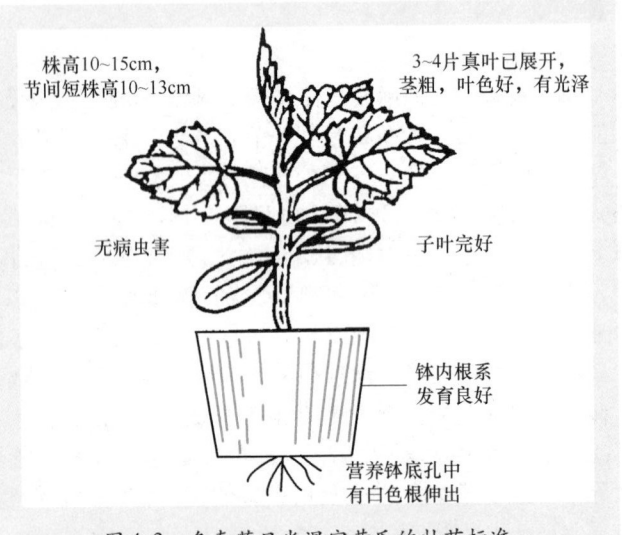

图4-3 冬春茬日光温室黄瓜的壮苗标准

（2）定植方法 定植方式采用大垄双行，按80cm、50cm大小行定植，大垄高15～20cm（图4-4）。

定植后顺小沟浇定植水，水要浇透。4～5天后视土壤湿度情况浇缓苗水。3～5天后墒情适宜耕作时进行中耕，连续2～3次深中耕。要求最大耕深10cm，但不能伤土坨，要求耕细耕透，无坷垃。

耕后将垄面整平覆盖地膜，对准幼苗处在膜上切口，将幼苗从孔中拉出，膜落在垄面上，紧贴地标抻平压实（图4-5）。

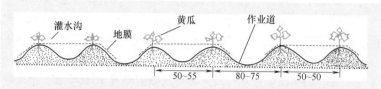

图4-4　日光温室冬春茬黄瓜的宽窄行（大小垄）整地定植（单位：cm）

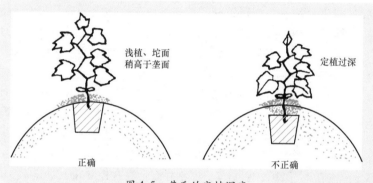

图4-5　黄瓜的定植深度

黄瓜浅耕容易满足根系呼吸和对土壤温度的要求，根系发育良好。定植后不急于覆地膜，目的是便于多次中耕，为根系创造良好的土壤环境，促进根系发育，防止黄瓜植株后期早衰。

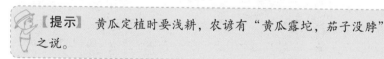

【提示】　黄瓜定植时要浅耕，农谚有"黄瓜露坨，茄子没脖"之说。

四　定植后的管理

1. 环境调控

（1）温度　冬春茬黄瓜定植后应密闭温室不放风，以提高地温和气温，促进缓苗，白天温度控制在 25 ~ 32℃，夜间控制在 20℃以上，最好不低于 16℃，地温控制在 15℃以上，温度超过 35℃时从顶

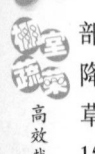

部放风。缓苗后,适当降低温度管理,白天温度超过35℃时放顶风,降到20℃时闭风,天气不好可以提早闭风。一般室温降到15℃便放草苫,遇到寒流时可以在17~18℃时放草苫。前半夜温度保持在15℃以上,后半夜降到11~13℃,早晨揭苫前降到10℃,有时降到7~8℃,甚至降到5℃,短时间降温不会导致黄瓜受害。12月下旬~1月上旬黄瓜进入结瓜期,温室内应保持较高温度,白天温度超过32℃才开始放风,使室内温度较长时间保持在30℃左右,白天温度较高,室内储存热量多,有利于夜间保持较高温度,夜间温度应保持在10℃以上,最低不低于8℃。2月下旬~3月初,外界温度逐渐回升,根据室内气温的变化,放风量应逐渐加大,晴天白天保持在27~30℃,夜间12~14℃,高温时放腰风,后期放底角风。5月中旬以后,夜间最低气温达到15℃以上时,应该把温室前底角薄膜打开,昼夜通风。

日光温室秋冬茬或冬春茬生产,可以按日光温室本身环境的日变化,结合黄瓜在一天中不同时段的生理活动进行温度环境的管理,即"四段式温度管理"。上午是黄瓜一天中光合作用最强的阶段,温度控制在28±2℃;下午控制在22±2℃;前半夜为促进养分运输,温度控制在17±2℃;后半夜为抑制呼吸,温度控制在12±2℃。防风温度应控制在30±2℃(晴天),早晨揭苫时室内温度保持在8~10℃,当温室内温度下降到17℃时应盖草苫,具体揭盖草苫时间,视不同地区、不同季节而定,应灵活掌握。阴天光照弱,室温应比晴天低2~3℃。

(2) 光照 冬春茬黄瓜冬季的光照较弱,是限制黄瓜产量和品质的一个重要环境因子。改善温室内冬季光照条件的主要措施有:选用长寿无滴、防雾功能膜,并经常清扫表面灰尘;在保证室内温度的前提下尽量早揭、晚盖草苫;在北墙和两个山墙张挂镀铝反光膜,增强室内光强、改善光分布;栽培上采用地膜覆盖和膜下灌水技术,降低温室内温度;采用宽窄行定植,及时去掉侧枝、病叶和老叶,改善行间和下部通风透光。

(3) 湿度 日光温室内湿度的控制主要通过通风和浇水来实现。冬季揭苫后短时间防风排湿。时间一般为10~30min,浇水后中午要放风排湿，低温季节一般只放顶风，春季气温升高后，可以同时放顶风和腰风，放风量大小及时间长短主要依据黄瓜温度管理指标和室内外气温、风速和风向等的变化来决定。

2. 肥水管理

总的原则是少量多次，采收之前适量控制肥水，防止植株徒长，促进根系发育，增强植株的抗逆性。开始采收至盛果期掌握勤施少施的原则，冬春茬黄瓜定植时应浇足定植水，在寒冷季节严格控制浇水。一般情况下，根瓜长到10cm左右时，开始追肥灌水，灌水量大，每亩施硝酸铵15～20kg，为防止温室内湿度过高，可以采用膜下暗灌的方式，有条件的还可以采用滴灌的方式，追肥灌水应在晴天上午进行，以便中午前后防风排湿；此后20～25天基本上不再浇水施肥，缺肥时，可以液面追施尿素或磷酸二氢钾等（图4-6）。2月下旬～3月初，随着外界气温的回升，加强肥水管理，一般5～7天浇一次水，15天左右追1次肥，每次施尿素或磷酸二氢钾10kg左右，浇水后注意通风排湿。

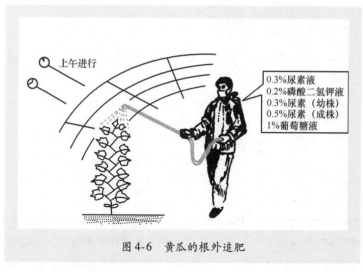

图4-6　黄瓜的根外追肥

3. 增施二氧化碳

黄瓜结果期增施二氧化碳不仅可以增产20%～25%，还可以提高黄瓜品质，增强植株的抗病性。通常在日出后30min至换气前2～

3h内施二氧化碳气肥,晴天使用量为1000~1500μL/L,阴天使用量为500~1000μL/L,施气肥时,昼温、夜温、湿度等都要求正常管理,要防止低温、长期不通风导致湿度过大或施肥过多等情况造成生长过旺。

4. 植株调整

植株调整的目的在于平衡营养生长和生殖生长的关系、改善生长条件,充分合理地利用阳光、水分和营养条件,提高蔬菜的产量和品质,主要包括以下措施:

(1) 吊蔓 近年来,黄瓜日光温室栽培大多采用吊蔓的方式,通常在黄瓜顶部的拱架上南北向拉一道铁丝,将塑料绳的一端系在铁丝上,另一端系在黄瓜的下胚轴上,黄瓜苗在6片叶左右不能直立生长时缠绕在吊绳上,缠绕工作应经常进行,使茎蔓不下垂。为了受光均匀,缠蔓时应使龙头处在南低北高的一条斜线上,个别生长势强的植株应弯曲缠绕在吊绳上(图4-7)。

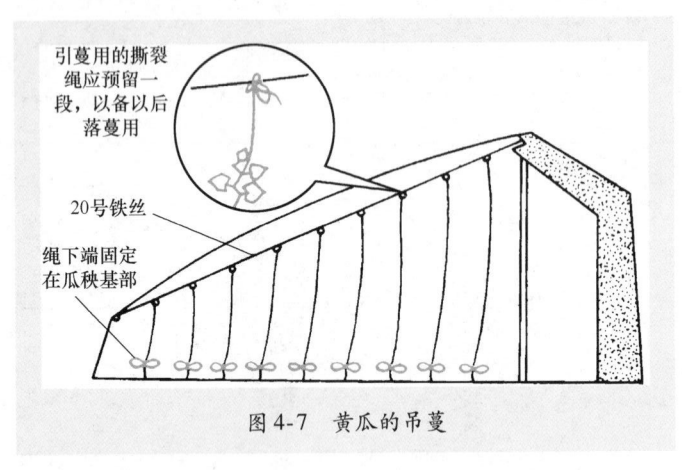

图4-7 黄瓜的吊蔓

(2) 落蔓和盘蔓 冬春茬黄瓜生长期长达8~10个月,茎蔓不断生长可达7m以上,一般生长过程中需要进行多次落蔓。落蔓前应摘除植株下部的老叶和病叶,以减少营养消耗和病害传播。落蔓时将功能叶保持在日光温室的最佳空间位置,以利光合作用,落蔓过程中要小心,不要折断茎蔓。落蔓一般按顺时针或逆时针一个方向将蔓盘绕在根部,增加空间和透光,以减少消耗,便于管理,越冬茬黄瓜要通过不断落蔓延长生育期（图4-8）。

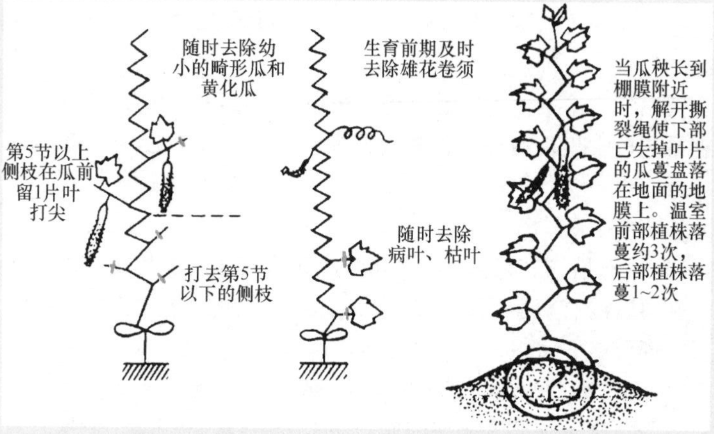

随时去除幼小的畸形瓜和黄化瓜

生育前期及时去除雄花卷须

当瓜秧长到棚膜附近时，解开撕裂绳使下部已失掉叶片的瓜蔓盘落在地面的地膜上。温室前部植株落蔓约3次，后部植株落蔓1~2次

第5节以上侧枝在瓜前留1片叶打尖

打去第5节以下的侧枝

随时去除病叶、枯叶

图4-8　黄瓜的整枝和落蔓

（3）打老叶、摘卷须和雄花　在缠蔓时应摘除卷须、雄花及砧木的萌蘖，同时，黄瓜植株上萌发的侧枝也应及时摘除，以减少养分消耗，打老叶和摘除侧枝。卷须应在上午进行，有利于伤口快速愈合，减少病菌侵染，引蔓宜在下午进行，防止折断茎蔓。

5. 采收

黄瓜属于嫩瓜采收，采收期的掌握对产量和品质影响很大，从播种至采收一般为50~60天。黄瓜必须适时采收，采摘太早，果实保水能力弱，货架寿命短；采摘太迟，则果实老化，品质差，而且大量消耗植株养分，造成植株生长失去平衡，后续果实畸形和化瓜。一般根瓜应及时采收，结瓜初期2~3天采收一次，结瓜盛期1~2天采收一次。

五　黄瓜病虫害防治

1. 猝倒病

【症状】　猝倒病是黄瓜苗期的重要病害。幼苗感病后，在出土表层茎基部呈水浸状软腐倒伏，即猝倒。幼苗初感病时根部呈暗绿色，感病部位逐渐萎缩，病苗折倒坏死。染病后期茎基部变成黄褐色干枯成线状（彩图1）。

【发病原因】 病菌主要以卵孢子在土壤表层越冬，条件适宜时产生孢子囊释放出游动孢子侵染幼苗，通过雨水、浇水和病土传播，带菌肥料也可以传病。

低温、高湿条件下容易发病，土温 10～13℃、气温 15～16℃ 时病害易流行发生。播种、移栽或苗期浇大水，又遇连阴天低温环境发病重。

【防治方法】

1）农业措施。清洁田园，切断越冬病残体组织传病。用异地大田土和腐熟的有机肥配制育苗营养土。严格掌握化肥用量，避免烧苗。合理分苗、密植，控制湿度、浇水是关键。苗床土应注意消毒。

2）药剂处理土壤。取大田土与腐熟的有机肥按 6:4 混均，并按每立方米苗床土加入 100 克 68% 金雷水分散粒剂和 2.5% 适乐时悬浮剂 100mL 拌土一起过筛混匀。用这样的土装入营养钵或做苗床表土铺在育苗畦上，并用 600 倍的 68% 金雷水分散粒剂药液封闭覆盖播种后的土壤表面。

3）种子包衣配方。可以选 2.5% 适乐时悬浮剂 10mL + 35% 金普隆拌种剂 2mL，或 6.25% 亮盾悬浮种衣剂 10mL 加水 150～200mL 包衣 3kg 种子，可有效地预防苗期猝倒病和立枯病、炭疽病等病害。

4）药剂防治。可以选择 68% 金雷水分散粒剂 500～600 倍液、72% 克抗灵、72% 霜疫清可湿性粉剂 700 倍液、64% 杀毒矾可湿性粉剂 500 倍液、69% 安克可湿性粉剂 600 倍液或 72.2% 普力克水剂 800 倍液等对幼苗进行淋灌或喷淋。

2. 霜霉病

【症状】 霜霉病也叫"跑马干"，是黄瓜全生育期均可以感染的病害，主要为害叶片，因病斑受叶脉限制，呈现多角形浅褐色或黄褐色斑块，是非常容易诊断的病害。叶片初感病时，生水浸状小斑点，叶缘、叶背面出现水渍状病斑，逐渐扩展，受叶脉限制扩大后呈现大块状黄褐角斑。湿度大时病叶背面长出灰黑色霉层，结成大块病斑后会迅速干枯。霜霉病大量发生会对黄瓜生产造成毁灭性损失（彩图2）。

【**发病原因**】 病菌主要在冬季温室作物上越冬。由于北方棚室保温条件的增强，黄瓜可以周年生产，并安全越冬，病菌也可以因温度适宜而周年侵染，借助气流传播。病菌孢子囊萌发适宜温度为15~22℃，相对湿度高于83%，叶面有水珠时极易发病。棚室内空气湿度越大产生孢子越多，越有利于病菌萌发侵染。

【**防治方法**】

1）品种选择。可以选用戴多星、满冠、园春3号、哈研系列等抗霜霉病品种。

2）农业措施。清洁田园，切断越冬病残体组织传病，合理密植、高垄栽培、控制湿度是关键。地膜下渗浇小水或滴灌，节水保温，以降低棚室湿度。清晨尽可能早放风、放湿气，尽快进行湿度置换。放湿气的时候，人不要走开，见棚内雾气减少，雾气明显外流后，立即关上风口，以快速提高棚内气温。注意氮、磷、钾肥均衡施用，育苗时苗床土必须消毒和做药剂处理。

3）药剂防治。预防为主，预防可以采用70%达科宁可湿性粉剂600倍液、25%阿米西达悬浮剂1500倍液、25%瑞凡悬浮剂1000倍液、80%大生可湿性粉剂500倍液或56%阿米多彩悬浮剂800倍液。发现中心病株后立即全面喷药，并及时清除病叶，带出棚外烧毁。染病后治疗可以选择68%金雷水分散粒剂500~600倍液、25%阿米西达悬浮剂1500倍液、25%瑞凡悬浮剂1500倍液、68.75%银发利悬浮剂800倍液、72%克抗灵可湿性粉剂、72%霜疫清可湿性粉剂600倍液、64%杀毒矾可湿性粉剂500倍液、69%安克可湿性粉剂600倍液、72.2%普力克水剂800倍液等。

3. 灰霉病

【**症状**】 灰霉病主要为害幼瓜和叶片。病菌先从叶片边缘侵染，呈小型的"V"字形病斑。病菌从开花后的雌花花瓣侵入，导致花瓣腐烂，果蒂顶端开始发病，果蒂感病向内扩展，致使感病幼瓜呈灰白色，软腐，感病后期无论幼瓜还是叶片均长出大量灰绿色霉层（彩图3）。

【**发病原因**】 灰霉病菌以菌核或菌丝体、分生孢子在土壤内及病残体上越冬。病原菌属于弱寄生菌，从伤口、衰老的器官和花器

侵入。柱头是容易感病的部位，致使果实感病软腐。花期是灰霉病侵染的高峰期。病菌借气流、浇水和农事操作进行再侵染。适宜发病气温为 22～25℃、湿度为 90% 以上，即低温、高湿、弱光有利于发病。大水漫灌又遇连阴天是诱发灰霉病的最主要因素。密度过大、通风不及时、生长衰弱均利于灰霉病的发生和扩散。越冬、早春栽培的黄瓜，灰霉病由于棚膜滴水往往先从植株的中上部位开始发生。

【防治方法】

1）农业措施。棚室要高畦覆地膜栽培，地膜下浇小水。有条件的可以考虑采用滴灌措施，既节水又控湿。加强通风透光，尤其是阴天除了要注意保温外，还应严格控制灌水。早春应该将上午放风改为清晨短时放湿气，而且要尽可能早，尽快进行湿气置换、降湿提温，有利于黄瓜生长。及时清理病残体，摘除病果、病叶，集中烧毁和深埋。

2）药剂防治。因为黄瓜灰霉病是侵染老化的花器，预防用药一定要在黄瓜开花时开始。首先用 2.5% 适乐时悬浮剂 600 倍液或用 50% 利霉康 500 倍液，对黄瓜雌花进行蘸花或喷花。黄瓜整个生长期最好整体预防。可以选用 25% 阿米西达悬浮剂 1500 倍液、75% 达科宁可湿性粉剂 600 倍液喷施预防，或用 50% 农利灵干悬浮剂 1000 倍液、50% 多霉清可湿性粉剂 800 倍液、50% 利霉康可湿性粉剂 1000 倍液等喷雾防治。

【注意】 喷施嘧霉胺类杀菌剂，易使黄瓜叶片产生褪绿性黄化药害，请慎用。

4. 白粉病

【症状】 黄瓜全生育期均可以感病，主要感染叶片。发病初期主要在叶面长有稀疏白色霉层，逐渐叶面霉层变厚形成浓密的白色圆斑。发病重时感染茎蔓。发病后期叶片发黄坏死（彩图 4）。

【发病原因】 病菌以闭囊壳随病残体在土壤中越冬，在越冬栽培的棚室，病菌可以在棚室内作物上越冬，借气流、雨水和浇水传播。温暖、潮湿与干燥无常的种植环境，阴雨天气及密植、窝风环境易发病和流行。大水漫灌、湿度大、肥力不足、植株生长后期衰弱发病严重。

【防治方法】

1）农业措施。适当增施生物菌肥和磷、钾肥。加强田间管理，降低湿度，增强通风透光。收获后及时清除病残体，并进行土壤消毒。棚室应及时进行硫黄熏蒸灭菌和地表药剂处理。

2）化学防治。采用25%阿米西达悬浮剂1500倍液预防会有较理想的效果。也可选用75%达科宁可湿性粉剂600倍液、10%世高水分散粒剂2500～3000倍液、32.5%阿米妙收悬浮剂1500倍液、80%大生可湿性粉剂600倍液、43%菌力克悬浮剂3000倍液、2%加收米水剂400倍液、40%福星乳油4000倍液。后期还可以考虑使用25%爱苗乳油4000倍液喷施。

5. 细菌性角斑病

【症状】 黄瓜细菌性角斑病主要为害叶片、叶柄和幼瓜。整个生长时期病菌均可以侵染。苗期感病子叶呈水浸状黄色凹陷斑点。叶片感病初期叶背为浅绿色水渍状斑，渐渐叶面变成浅褐色坏死病斑，病斑受叶脉限制，叶正面有时呈小型多角形，与霜霉病症状极易混淆。但是细菌性角斑病发病后期病斑逐渐变为灰褐色，棚室温湿度大时，叶背面会有白色菌脓溢出，这又是区别于霜霉病的主要特征。干燥后病斑部位脆裂穿孔（彩图5）。

【发病原因】 病原为细菌，可以在种子内、外和病残体上越冬。病菌要从叶片或瓜条的伤口、叶片气孔侵入，借助浇灌飞溅的水滴、棚膜下落水滴、结露、叶片吐水、农事操作、雨水、昆虫、气流传播蔓延。发病温度范围在10～30℃，适宜发病温度为24～28℃，相对湿度75%以上均可促使细菌性病害流行，但是在50℃下10min细菌就会死亡。昼夜温差大、露多、重茬、低洼、排水不良、放风不及时，以及阴雨天气整枝绑蔓而损伤叶片、枝干、幼嫩的果实均是病害大量发生的重要因素。

【防治方法】

1）品种选择。引用抗寒性强的杂交品种，如中农5号、黑油条、夏青、龙杂黄3号及津绿系列等。

2）农业措施。清除病株和病残体并烧毁，在病穴撒入石灰消

毒。深耕土地，注意放风排湿，采用高垄栽培，严格控制阴天带露水或潮湿条件下的整枝绑蔓等农事操作。

3）种子消毒。用55℃温水浸种15min，或用硫酸链霉素200万单位浸种1~2h，洗净后播种。

4）药剂防治。预防细菌性病害初期可以选用47%加瑞农可湿性粉剂800倍液或77%可杀得可湿性粉剂500倍液、30%DT杀菌剂50倍液，或用新植霉素、链霉素200万单位喷施或灌根。用硫酸铜3~4kg/亩撒施浇水处理土壤可以预防细菌性病害。

6. 枯萎病

【症状】 黄瓜枯萎病一般在开花结瓜初期发病，感病植株初期先表现为上部或部分叶片、侧蔓中午呈萎蔫状，看似因蒸腾脱水，晚上恢复原状，而后萎蔫部位或叶片不断扩大增多，逐步遍及全株致使整株萎蔫枯死。接近地面的茎蔓纵裂，剖开茎秆可见维管束变褐。湿度大时感病茎秆表面生有灰白色霉状物（彩图6）。

【发病原因】 枯萎病菌为镰刀菌，通过维管束从病茎向果实、种子等部位形成系统侵染，从苗期到各生长发育期均可染病。以菌丝体、厚垣孢子或菌核在土壤、未腐熟的有机肥中越冬，可以在土壤中存活8年以上。病菌从伤口、根系的根毛细胞间侵入，进入维管束并在维管束中发育繁殖，堵塞导管致使植株迅速萎蔫，经导管纵向发展快，逐渐枯死。发病适宜温度为24~25℃，病害发生严重程度取决于土壤中的菌量。连作及土壤干燥、黏重发病严重。

【防治方法】

1）品种选择。博美系列、津绿、硕密、长春密刺等均有较好的抗枯萎病特性。

2）种子处理。① 种子包衣消毒：选用2.5%适乐时悬浮种衣剂10mL加35%金普隆乳化种衣剂2mL，或6.25%亮盾悬浮种衣剂10mL，加水150~200mL，可以包衣4kg种子。②将种子做干热杀菌处理，即在60℃下处理1天。③用40%甲醛溶液150倍液浸种15~30min，用清水洗净然后播种。

3）育苗土消毒。采用营养钵育苗，营养土消毒，苗床或大棚土壤处理，方法参照第三章第二节育苗技术中的育苗防病措施。

4）嫁接防病。见第三章第二节育苗技术中的嫁接育苗方法。

5）农业措施。适当增施生物菌肥及磷、钾肥。降低田间湿度，增强通风透光，收获后及时清除病残体，并进行土壤消毒。高温闷棚：保护地连作栽培的地块，应该考虑采用高温闷棚的方法减少土壤中病菌和线虫的为害。其操作顺序是：①拉秧，②深埋感病植株或烧毁，③撒施石灰和稻草或秸秆及活化剂，④深翻土壤，⑤大水漫灌，⑥铺上地膜和封闭大棚，持续高温闷棚 20 ~ 30 天，保持土壤温度在 50℃ 以上。注意可以放置土壤测温表，观察土壤温度。揭开地膜晾晒后即可做垄定植。

6）药剂防治。

① 灌根用药。定植时用生物菌药处理，用萎菌净 1000 倍液，每株 250mL，穴施灌根后定植，初花期再灌一次会有较好的防病效果。也可以选用 98% 恶霉灵可湿性粉剂 2000 倍液、75% 达科宁可湿性粉剂 800 倍液、2.5% 适乐时悬浮剂 1500 倍液、80% 大生可湿性粉剂 600 倍液、甲基硫菌灵可湿性粉剂 500 倍液或 50% 多菌灵可湿性粉剂 400 倍液，每株 250mL，在生长发育期、开花结果初期、盛瓜期连续灌根，早防早治效果会明显。

② 药剂涂茎。用 50% 多菌灵可湿性粉剂 200 ~ 300 倍液或甲基硫菌灵可湿性粉剂 300 倍液涂茎。

7. 线虫病

【症状】　线虫病就是菜农俗称"根上长瘤子"的病，主要为害植株根部或须根，根部受害后产生大小不等的瘤状根结，剖开根结感病部位会发现很多细小的乳白色线虫埋藏其中。感病后地上植株生长衰弱，中午时分有不同程度的萎蔫现象，并逐渐枯黄（彩图7）。

【发病原因】　此虫生存在 5 ~ 30cm 的土层之中，以卵或幼虫随病残体遗留在土壤中越冬，借病土、病苗、灌溉水或跨区域秧苗运输、人为携带传播，可以在番茄、黄瓜、甜瓜、芹菜、胡萝卜、菠菜、生菜、大白菜等作物上寄生，可以在土中存活 1 ~ 3 年，在条件适宜时由寄生在须根上的瘤状物，即虫瘿，或越冬卵孵化形成幼虫后在土壤中移动到根尖，由根冠上方侵入，定居生长点内，其分泌物刺激导管细胞膨胀，形成巨型细胞或虫瘿，称为根结。田间土

壤的温、湿度是影响线虫卵孵化和繁殖的重要条件。一般喜温蔬菜生长发育的环境也适合线虫的生存和为害。北方深冬季节种植黄瓜面积的扩大和种植时间的延长，给线虫越冬创造了很好的条件。连茬、重茬种植黄瓜的棚室，发病尤其严重。越冬栽培黄瓜的产区线虫病害发生普遍，已经严重影响了冬季黄瓜的生产和效益。

【防治方法】

1）农业措施。选择大田土或没有病虫的土壤与不带病残体的腐熟有机肥以 6∶4 的比例混合均匀，每立方米营养土再加入 100mL 1.8% 的阿维菌素，混匀后用于育苗。棚室在高温条件下用氰氨化钙（又称石灰氮）消毒，使用方法是：在前茬蔬菜拔秧前 5～7 天浇一遍水，拔秧后立即每亩均匀撒施 60～80kg 氰氨化钙于土壤表层。也可将未完全腐熟的农家肥或农作物碎秸秆均匀地撒在土壤表面，旋耕土壤 10cm 使其混合均匀，再浇一次水，覆盖地膜，高温闷棚 7 天，然后揭去地膜，放风 7～15 天后可做垄定植。处理后的土壤栽培前应注意增施磷、钾肥和生物菌肥。

2）药剂处理土壤。定植前每亩沟施 10% 福气多颗粒剂 2.5～3kg，施后覆土、洒水、封闭盖膜，1 周后松土定植。或每亩用 10% 克线丹颗粒剂 3～4kg 沟施，也可以用 3% 米乐尔颗粒剂均匀施于定植沟、穴内。

8. 白粉虱

【症状】 成虫或若虫群集于嫩叶背面刺吸汁液，使叶片褪绿变黄。由于其刺吸汁液造成汁液外溢，又诱发落在叶面上的杂菌形成霉斑，严重时霉层覆盖整个叶面（彩图 8）。

【防治方法】

1）生物防治。棚室栽培可以放养丽蚜小蜂防治白粉虱。

2）设置防虫网。为了阻止白粉虱飞入为害，大棚可以设置防虫网，夏季育苗小拱棚可以加盖防虫网。

3）药剂防治。建议采用懒汉施药法，即穴灌施药（灌窝、灌根），用强内吸杀虫剂 25% 阿克泰水分散粒剂，在移栽前 2～3 天，以 1500～2500 倍液喷淋幼苗，使药液覆盖叶片以外还要渗透到土壤中。平均每平方米苗床用药 2g 左右（即 2g 药兑 1 桶水喷淋 100 棵幼苗）。农民自己的育苗秧畦可用喷雾器直接淋灌，持续有效期可达 30 天，有很好的防治粉虱类和蚜虫类害虫的效果，还可以有效预防粉虱和蚜虫传播病毒。喷雾可选用 25% 阿克泰水分散粒剂 2000 ~ 5000 倍液，15 天 1 次，或 25% 阿克泰水分散粒剂 3000 倍液加 2.5% 功夫水剂 1500 倍液混用、40% 扑虱灵可湿性粉剂 800 ~ 1000 倍液与 40% 天王星乳油 4000 倍液混用、10% 吡虫啉 1000 倍液、1.8% 虫螨克星乳油 2000 倍液喷雾防治。

9. 蚜虫

【症状】 以成虫或若虫群聚在叶片背面或生长点刺吸汁液为害。蚜虫分泌的蜜露还可诱发霉污病，严重时霉层覆盖叶面（彩图 9）。

【防治方法】

1）农业措施。蚜虫同时还是传毒媒介，预防病毒病应该从防治蚜虫开始。及时清除棚室周围的杂草。经常查看作物上有无蚜虫，随时防治，铺设银灰膜避蚜。还可以采用蓝、黄板诱蚜，取简易板材用黄或蓝漆刷板后涂上机油，吊至棚中，每 30 ~ 50m² 挂一块诱蚜板。

2）药剂防治。可选用 25% 阿克泰水分散粒剂 3000 ~ 4000 倍液、1% 印楝素水剂 800 倍液、48% 乐斯本乳油 3000 倍液、2.5% 功夫水剂 1500 倍液、10% 吡虫啉可湿性粉剂 1000 倍液喷施。

第二节　棚室西葫芦冬春嫁接栽培技术

西葫芦即南美洲南瓜，是南瓜属的一个栽培品种，为一年生草本蔓性植物。目前，在西葫芦栽培上大多数农户没有嫁接换根的习惯，但在反季节生产上，嫁接可进一步提高西葫芦根系的耐低温性和吸收能力，使苗壮、生长快、长势强等，同时，病毒病、白粉病等西葫芦主要病害的发生也有所减少。

一　品种选择

1. 接穗品种

接穗品种应选择耐低温弱光、早熟丰产矮生、雌花节位低、短蔓耐寒、抗病的品种。例如早青、寒玉、冬玉、灰采尼、美国 4094

西葫芦等。

2. 砧木选择

(1) 南瓜 南瓜砧木根系强大、抗低温能力强、生长旺盛、抗逆性强，嫁接苗比自根苗增产显著。

(2) 中原共生 Z101 该砧木较黑籽南瓜优点突出，发芽势强、出苗整齐、嫁接亲和力强、生长旺盛、抗寒耐热、低温条件下生长迅速、中后期不早衰、抗枯萎病、耐根结线虫、对西葫芦的品质和风味无任何影响。同时表现出坐瓜提前、坐果率高、瓜条直、颜色浓绿有光泽、商品价值高、采收期长、可提早上市等优点，产量比黑籽南瓜做砧木时提高30%。

(3) 特选新土佐砧木 日本引进的杂交一代南瓜，生长势强、吸肥力强、耐热、耐湿、耐旱、耐低温、抗土传病害。苗期生长快，育苗期短。

(4) 白皮黑籽 该砧木生长最强健，种子黑色，低温生长性强、吸肥力强、抗土壤病虫能力强。

(5) 壮士 属中国南瓜，生长势强、低温生长性强、亲和性良好。

(6) 共荣 抗病性好，且嫁接亲和力好，接活率高。低温生长性强、吸肥力强、产量高，对西葫芦品质无不良影响。

二 嫁接育苗

1. 确定育苗期

日光温室西葫芦冬春茬栽培的播种时期一般在9月下旬～10月上旬，在西葫芦的播种时期内，嫁接砧木的播种时期依嫁接方法而定。

2. 床土配制及苗床准备

嫁接西葫芦要设置3个苗床。第一个是西葫芦床，第二个是砧木苗床，第三个是栽培嫁接苗的苗床。前两个苗床按东西向建成宽1.5m、高出地面7cm的畦子，长度视嫁接苗多少而定。西葫芦苗床最好建在大棚入口处，以利通风炼苗，育成壮苗。南瓜苗床需要温度高一些，宜建在大棚里边。嫁接苗床按南北向建成2.5m宽、高出地面7cm的畦子，长度也是视苗的多少而定。三个苗床的土质一样，比例为三份田园土一份腐熟的圈肥，拌匀过筛，运进棚内做畦。嫁接苗床育 1 亩大棚的苗施入 2.5~3kg 的磷酸二铵。

3. 种子处理和播种

将黑籽南瓜种子放在阳光下晒 3~4h，然后放在 55~60℃ 热水中，不断搅拌至水温降至 35℃ 左右时停止，继续浸泡 10~12h，搓洗去种皮黏着物，用温水冲洗干净捞出，稍晾后用干净湿布包好，外包一层薄膜，置于 28~30℃ 下催芽。当黑籽南瓜种子接近 1/2 露白时浸泡西葫芦种，先将晒过的西葫芦种放在 55~60℃ 热水中，不断搅拌至水温降至 25℃ 左右时停止，再浸泡 6~8h，搓洗去种皮黏着物，用温水冲洗干净，捞出稍晾后，和黑籽南瓜种同时播入各自苗床。

播种时，先将苗床灌透水，当水渗下后，按照黑籽南瓜种间距 1~1.5cm，西葫芦种间距 2~3cm 的密度，均匀撒播后，覆盖 1.5~2cm 细土，然后喷施 50% 辛硫酸 300 倍液，防治地下害虫，随即用地膜平铺畦面。上插支架盖拱膜。西葫芦拱棚内温度控制在 25~30℃，黑籽南瓜拱棚内温度控制在 32~35℃。当两种苗都出到 70% 左右时，撤除拱膜揭掉地膜，温室温度保持在 20~25℃，控制浇水，并适当降低夜温，防止徒长。

4. 嫁接方法

(1) 舌形靠接法 当两种苗子叶接近展平、真叶未露时，是嫁接的最佳时期，迟则西葫芦苗茎秆变空，降低嫁接成活率。嫁接前，先将嫁接夹和嫁接刀片用 1% 高锰酸钾溶液浸泡消毒。把培育好的西葫芦和南瓜苗从苗床里挖出，去掉泥土，选用生长健壮、子叶保存完好的苗子嫁接。先用竹签把南瓜真叶和生长点挖掉，然后用刀片在子叶豁口下 0.8~1.0cm 处向下斜切一刀，角度为 35°~40°，深度为茎粗的 1/2。然后在西葫芦子叶下 1.2~1.5cm 处向上斜切一刀，角度为 30° 左右，深度为茎粗的 3/5，切面平滑。然后将舌形接穗插入砧木切口中，调整子叶方向，使西葫芦子叶压在南瓜子叶上面，用嫁接夹固定。以上操作，动作要快，切口光滑平整，切口内不得有泥土和流水浸入，栽植时将西葫芦根和南瓜根稍微分开适当角度，以利断根，同时要注意嫁接部位要高出地面 2cm 以上，以防止水和泥土浸入接口。株行距 12cm × 12cm。苗床栽满后，重新补水一次，如果发现嫁接苗根部土壤出现裂缝，应再覆土 1 次，扣小拱棚增温保湿。

（2）顶插接法

1）竹签的制备。选竹织针或竹片削成单面半圆形或双面楔形竹签。削面长度为 0.5 ~ 0.6cm，竹尖端粗度视接穗胚轴粗度而定。

2）嫁接。当砧木苗高 6 ~ 7cm，第一片真叶半展，宽度不超过 1cm，而接穗心叶刚刚显露，子叶展平，此时为嫁接时期。嫁接时先用竹签剔除砧木的生长点，然后用竹签从一侧子叶基部中脉处向另一侧子叶下方胚轴内穿刺，到竹签从胚轴另一侧隐约可见为止，扎孔深度 0.4 ~ 0.5cm，暂时不要拔下竹签，立即将接穗插入孔中，使接穗平面与竹签平面吻合，且接穗平面向下，接穗子叶方向与砧木子叶方向呈交叉状。每嫁接完 10 ~ 20 株后，应及时喷雾保湿，然后马上移入小拱棚中遮阴，并保温保湿。

5. 嫁接后的管理

嫁接后砧木和接穗的愈合过程，根据接合部位组织变化特征可以分为四个阶段：第一阶段为愈合组织前形成，称为接合期，环境条件适宜，24h 即可形成愈伤组织；第二阶段为愈合期，砧木和接穗组织密切结合，开始进行养分、水分交流，需 2 ~ 3 天；第三阶段为融合期，嫁接后 3 ~ 4 天，融合处细胞分裂繁殖旺盛，砧木和接穗组织相混合，两者细胞难以分辨；第四阶段为成活期，此期砧木和接穗组织融合，逐渐形成输导组织的连接维管束，开始真正的共同生长。一般嫁接 10 天后可达到成活期。

① 嫁接后的光照管理。嫁接后苗床覆盖草苫、报纸遮光避免高温和光线直射而引起接穗凋萎。2 ~ 3 天后在早晨、傍晚除去覆盖物，使幼苗接受散射光，并逐渐增加见光时间。一周后只在中午遮光，10 天后恢复到一般苗床管理。

② 温度方面的管理。刚嫁接好的幼苗，白天温度控制在 26 ~ 28℃，夜间在 24 ~ 25℃，超过 40℃ 或低于 10℃ 会影响成活率。白天日照较强时，要遮光防止高温，夜间要保温。1 周后按常规苗床管理，白天温度保持在 23 ~ 24℃，夜间 18 ~ 20℃，土温 24℃，定植前

1周降至13~15℃，进行低温炼苗。

③断根。根据伤口愈合情况，于嫁接后5~7天可以进行试探性处理，即把接口下的西葫芦茎捏劈。如果在晴天中午西葫芦的苗子不萎蔫，说明砧木和接穗已愈合好，水分可以正常运输，此时可去掉夹子，用刀片或剪刀去掉接穗的根。若西葫芦茎捏劈后开始打蔫，说明还没有完全愈合，可再继续观察1~2天再进行断根。

6. 苗龄和壮苗标准

冬春茬西葫芦的日历苗龄以30~35天为宜。壮苗标准为：当幼苗长到三叶一心或者第四片真叶时，壮苗一般茎粗0.4~0.5cm，株高10cm左右，叶色深绿，须根多，根白色粗壮，没有病虫害且两片子叶完好无损。

三 定植

1. 定植前的准备

定植前施足底肥，每亩施用充分腐熟的农家肥3000~4000kg（若施用鸡粪，必须充分发酵并倒弄细碎），复混肥50kg，适量硫酸亚铁、硼肥等。肥料2/3普施，施肥后深翻土地20cm，使粪土掺匀，耙平地面，然后开定植沟，肥料的1/3集中施入定植沟内。

2. 定植

定植前10~15天扣棚。采用小高垄单行定植，垄高15cm；宽窄行定植，大行距80cm，小行距60cm。采用做水栽苗法，定植深度要均匀一致，以埋没根系为宜，嫁接苗严禁埋没嫁接部位，株距50cm，每亩栽苗1800~2000株，定植水要浇深浇透。定植后将垄面垄沟重新修整，做到南北沟底水平或略微北高南低，用90~100cm地膜覆盖窄行，用小刀划破植株顶部的地膜，用手掏出幼苗。

四 定植后的管理

1. 温度

定植后一周内温度保持在25~30℃，以促进发根缓苗。缓苗后加强通风，降低温度，白天保持在25℃，夜间保持在12~15℃，以达到控秧催瓜的目的。结瓜期要保持高温，白天温度25~28℃，夜间15~17℃，保持秧果平衡并促进早收。冬季温度偏低时，要加强

增温和保温措施。

2. 光照

西葫芦喜光，应合理揭盖草苫，保持薄膜清洁，及时进行植株调整等措施，增加温室内的光照量，延长光照时间，改善光照条件。

3. 肥水管理

浇足定植水后，一般到坐瓜前不再浇水。定植水不足地面偏干时，可在瓜苗开始明显生长后适量浇水，但应避免浇水过多引起旺长。田间大部分瓜秧坐瓜后，开始浇水，保持地面湿润。冬季温度低，需水少，一般15天左右在膜下沟浇一次水。春季需水量大，每7~10天浇1次水，后期可大、小垄沟同时浇水，浇水后应注意放风排湿。

施足底肥后，结瓜前不追肥。进入结瓜期后，冬季每15天左右追1次肥，春季每10天左右追1次肥，拉秧前30天不追肥或少量追肥，化肥溶解后随水冲施，一般每次每亩追施三元复合肥15~20kg，或硝酸钾20kg。有机肥主要以饼肥、鸡粪的沤制液为主。进入结瓜盛期，追肥量应适当加大，同时叶面交替喷施丰产素、爱多收、叶面宝、0.1%磷酸二氢钾溶液、1%红糖等，以防早衰。

4. 植株调整

植株伸蔓后开始吊绳引蔓，用一根吊绳一端系在瓜苗上方的铁丝上，另一端打宽松活结系到瓜苗基部，随着瓜蔓的不断伸长，定期将蔓缠到吊绳上，缠蔓应避免损害茎叶。西葫芦以主蔓结瓜为主，发生的侧枝应及时抹掉，老叶、病叶也应及时摘除，以利通风透光，减轻病害。生长后期，主蔓老化或生长不良时，可选留1~2个侧蔓，待其出现雌花时，将主蔓打顶，以保证侧蔓结瓜。

5. 人工授粉与激素处理（图4-9）

（1）人工授粉

1）人工授粉时间。最佳时间为开花当天清晨接苫之后，一般在8时以前授粉，未开的花及开放时间较长的花，授粉效果不好，原因是花粉寿命短，雌花受精能力下降。

2）人工授粉方法。先采集开放的雄花。雄花数量多时，每朵雄花授一朵雌花。如果雄花数量少，可手持雄蕊对准雌蕊用力吹落花粉到雌蕊柱头上。这种方法 1 朵雄花可以授 3 朵雌花。早期开放的雌花，有时找不到雄花授粉，这时除了可以求助邻近温室寻求多余的雄花外，还可以提早播种并使用陈旧但能发芽的种子，育苗床土不施肥、少浇水，或保持长时间的高温（但夜温宜保持 10 ~ 13℃，这一温度是花粉成熟的最适温度），促使雄花发生，使雌雄花能花期相遇。

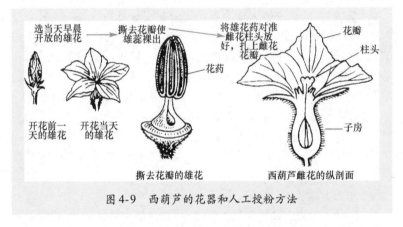

图 4-9　西葫芦的花器和人工授粉方法

（2）激素处理　刚开放或即将开放的雌花均可处理。使用 30 ~ 40mg/kg 的 2，4-D，或 50mg/kg 的番茄灵。用毛笔同时涂抹子房和雌蕊。

使用激素处理应注意，必须严格按标准配制，激素浓度不宜过大，否则发生药害。应使子房全面均匀地着药，以免果实畸形。

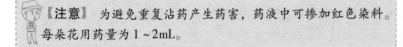

【注意】　为避免重复沾药产生药害，药液中可掺加红色染料。每朵花用药量为 1 ~ 2mL。

（3）人工授粉兼施激素　为了提高坐果率，可以同时进行人工授粉和激素处理，但这时应在柱头上只进行人工授粉而不要再涂抹激素，激素只抹在子房上即可。

6. 采收

西葫芦以嫩果为食，根瓜要早采，一般 250 ~ 300g 时采收，腰瓜

长到 400 ~ 500g 时采收，要勤采，一般保留 2 ~ 3 个瓜同时生长为宜。顶瓜可适当晚采，增加产量。要利用刀或剪刀收瓜，宜在早上进行。

五　西葫芦病虫害防治

1. 病毒病

病毒病俗称花叶病，从苗期到成株期均可发生，发病时间越早对生产的危害性越大。

【症状】　病株一般表现为新叶先出现明脉及褪绿斑点，后为花叶，严重时顶叶畸形变为鸡爪状，色变深。也有的病株上部叶片先表现沿叶脉失绿，并出现黄绿斑点，后整叶黄化、皱缩下卷。病株矮化，节间缩短，花冠扭曲畸形，色较深，不能结瓜，即使结瓜，也是瓜小而畸形，病瓜表面产生花斑瘤状突起（彩图 10、彩图 11）。

【发病原因】　由病毒引起，西葫芦在高温、干旱、光照强的条件下发病严重，病毒的致死温度为 60 ~ 62℃，体外存活期为 5 ~ 9天。一般是由种子带毒而引起的。由蚜虫、白粉虱及农事操作进行传播。

【防治方法】

1）种子消毒。播种前用 1000 倍的高锰酸钾或 10% 的磷酸三钠浸种 20 ~ 30min，可使种子上携带的病毒失去发病能力。

2）消灭病毒传播媒介。应及时消灭田间的蚜虫、白粉虱等病毒传播媒介。

3）药剂防治。药剂防治的重点时期是苗期以及结瓜前的一段时间。每周喷药一次。常用的农药有病毒 A、吗啉胍、抗毒剂 1 号等。

2. 白粉病

白粉病俗称白毛病，主要发病期为结果期。

【症状】　该病主要危害叶片。发病初期，在叶片的正面或背面产生白色近圆形小粉斑，后粉斑逐渐扩大成边缘不明显的连片白粉斑，后期白粉变为灰白色，叶片枯黄卷曲，严重时整株叶片干枯，导致植株死亡（彩图 12）。

【发病原因】　白粉病在 10 ~ 25℃ 可以发生，发病最适温度为 16 ~ 24℃。湿度大、光照弱、栽培管理粗放、施肥灌水不当、植株徒长、枝叶过密、株间郁闭、植株长势弱等，病害易发生。

【防治方法】　主要防治措施见第四章第一节黄瓜病虫害防治部分。

3. 灰霉病

灰霉病主要发生在结果期，以幼果为主要危害对象。

【症状】　病菌多先侵染开败的雌花花冠，再由瓜的脐部侵入果实内，瓜的脐部变软、色变浅，最后腐烂，空气湿度较高时，病部表面上长有密集的灰褐色霉层。病瓜上的腐烂物滴落到叶柄或茎上后，往往引起叶柄或茎短时间内腐烂并折断。叶片受害时，叶面上产生大型不规则枯斑，边沿明显，并生有少量的灰霉（彩图13）。

【发病原因】　环境温度低于20℃时发病严重；植株密度大，通风不良，湿度高时发病严重，一般在12月~第二年5月，气温在20℃左右，连续相对湿度在90%以上容易发病。如果遇到连续阴雨天较多的年份，气温偏低，通风不及时，棚室内湿度大，易造成灰霉病的发生和流行。

【救治方法】　主要防治措施见第四章第一节黄瓜病虫害防治部分。

4. 蚜虫

【症状】　蚜虫主要危害西葫芦的嫩叶、生长点及幼瓜，造成叶片卷曲、褪绿变黄，最后枯死；造成嫩梢萎缩、变黄、枯死；使幼瓜变黄、停止生长、化瓜。另外，蚜虫还是西葫芦病毒病的主要传播媒介。

【防治方法】　主要防治措施见第四章第一节黄瓜病虫害防治部分。

5. 白粉虱

【症状】　主要危害症状白粉虱主要危害西葫芦的叶片、嫩茎和幼瓜，造成叶片枯黄，最后枯死；造成嫩梢、幼瓜萎缩，停止生长；在瓜和叶片的表面分泌蜜露，引发煤污病。另外，白粉虱的潜飞能力比较强，也是西葫芦病毒病的主要传播媒介（彩图14）。

【防治方法】　主要防治方法见第四章第一节黄瓜病虫害防治部分。

第三节　棚室甜瓜嫁接栽培技术

甜瓜又称香瓜，主要起源于我国西南部和中亚地区，属葫芦科

一年生攀缘草本植物，果实甘甜芳香，以鲜食为主，也可以制作果脯、果汁及果酱等。甜瓜不仅味道好，还具有很高的营养价值，有清热解暑、除烦止渴、利尿等功效。近年来，随着人们对甜瓜的营养价值的认可，甜瓜的栽培面积也不断增加，下面主要介绍一下日光温室早春茬甜瓜的栽培技术。

一 品种选择

1. 甜瓜品种

温室和大棚栽培的甜瓜，应选择耐低温弱光、耐高湿、生育快、早熟或中早熟、株型紧凑、抗病性强、肉厚、瓜腔小、质细、汁多味香、糖度高、耐储运、货架期长的品种，甜瓜的主栽品种，见表4-1。

表4-1 甜瓜的主栽品种

栽培类型	品种名称及来源	品种特征特性
日光温室早春、秋延迟和越冬茬栽培	伊丽莎白 日本米可多种苗株式会社	厚皮甜瓜。节间稍短，叶片中等大小，叶片浓绿呈凹形。株型中等，低温下也能正常发育，易栽培。果实正圆形，黄皮、白肉、具芳香味，单果重600～1000g，糖度13%～16%，果肉不易发酵。雌花开放至果实成熟30天左右。抗病性强，耐蔓枯病、白粉病
日光温室早春、秋延迟茬栽培	翠冠 瑞士先正达种子公司	厚皮甜瓜。中熟。果圆形，成熟时果面呈黄绿色，有网纹，单果重1.8kg左右。果肉橙色，糖度18%，肉质细嫩，品质优良，果皮较硬，不易脱蒂，不易裂果，耐储运。株型小，适于密植
日光温室冬春、早春、秋延迟茬栽培	寿研1号 中国农业大学寿光蔬菜研究院	厚皮甜瓜。长势中等，叶片中等大小，雌花坐花容易，坐果率高，果形大小均匀，果皮洁白，光滑细腻，有透感。果肉淡绿色，芳香浓郁，糖度15%～16%，无畸形果和裂果发生，单果重可达1.2～1.5kg。耐低温和弱光，抗白粉病和细菌性角斑病

栽培类型	品种名称及来源	品种特征特性
日光温室冬春、早春、秋延迟茬栽培	状元 中国台湾农友种苗公司	厚皮甜瓜。黄皮大果，橄榄形，不易脱蒂，耐储运，早熟，易结果。开花后 40 天左右可采收，成熟时果面呈黄金色，采收容易判别，果实脐小，单果重 1.5kg 左右，大果可达 3kg。肉白色，靠腔部淡橙色，糖度在 14%～16% 之间，肉质细嫩，品质优良，果皮坚硬，不易裂果，耐储运，株型小，宜密植
露地和日光温室冬春、早春、秋延迟茬栽培	丰甜 1 号 合肥丰乐种业股份有限公司	厚薄皮杂交一代甜瓜新品种。全生育期 80 天左右。果实椭圆形，果形指数 1.55。成熟果金黄色，具 10 条银白色棱沟，果肉厚 3cm。肉质脆，糖度可达到 14%，平均单果重 1kg，适应性较强
日光温室早春、秋延迟茬栽培	金佰利 日本进口新型黄色银纹厚皮白瓤甜瓜种子	厚皮甜瓜品种，果实正圆形，皮色金黄，皮上均匀分布 10 道银色条纹，美观亮丽。果肉纯白色，入口发脆香甜，含糖量平均在 17%～20%，单果重 800g 左右，在常温下可保存一个月风味不变，由于形状特殊，口感极佳，可做采摘、礼品等观赏水果
早春、秋延迟茬栽培	黄金道甜瓜 美国	薄皮甜瓜。果实长椭圆形或长卵形，平均单果重 600～700g，果皮墨绿色或杂有黄色条斑。色泽好，口感酥脆，风味好，糖度可达到 12%
早春、秋延迟茬栽培	翠宝 日本	薄皮甜瓜品种，植株长势强，单果重 400～600g，果实高圆形至阔梨形，果皮薄，肉质极酥脆、品质优良，抗枯萎、蔓枯、白粉、霜霉、叶斑病等病害

第四章 主要蔬菜棚室栽培技术

2. 砧木品种

可以选用抗逆性强的南瓜、短丝瓜等做砧木，以减少土传病害枯萎病的发生，目前甜瓜嫁接育苗常用砧木有以下几个品种。

（1）圣砧 1 号 甜瓜嫁接砧木（包括厚皮、薄皮），美国引进品种，白籽南瓜型，杂交种，高抗枯萎病、青枯病、立枯病、凋萎病，

嫁接亲和力好，共生性强，不早衰，成活率高，嫁接后甜瓜产量可提高50%左右，糖度提高2%左右，瓜形正，瓜色好。

（2）超砧1号　该砧木生长健壮，根系发达，抗病性强，土壤适应性强，耐低温，耐暑性强，对土传病害枯萎病有较强的免疫能力，高抗根结线虫病，嫁接亲和力和共生力强，成活率高，可大大延长植株寿命，促进植株连续坐二茬果、三茬果，可提高产量30%左右，果实品质好。

（3）甬砧2号　该砧木根系发达，直根系。植株不易徒长和空心，利于嫁接作业。嫁接亲和力和共生力好，成活率高。抗枯萎病和蔓枯病。植株生长势稳健，结果率高，耐低温、耐湿、耐瘠薄，增产效果明显，是克服连作障碍的有效砧木品种。

（4）J型—甜瓜品种　适合于甜瓜（香瓜、薄皮甜瓜、网纹甜瓜）的嫁接砧木，嫁接后高抗枯萎病、黄萎病、青枯病等多种土传病害，抗病毒病、根结线虫病。促进早熟，可提早上市。与其他砧木相比，亲和力和共生力更强，成活率高，植株长势更壮，砧木同甜瓜接穗的蔓茎比更小。播种间隔时间短，更易管理。

二　嫁接育苗

嫁接育苗是甜瓜早春茬高产栽培的主要措施之一，嫁接的目的是为了提高甜瓜对枯萎病、根结线虫的抵抗能力和增强黄瓜根系的耐寒性和抗逆性，同时克服因重茬导致的土壤连作障碍。

1. 确定育苗期

日光温室早春茬甜瓜的育苗时间一般在1月下旬~2月上旬，也可以根据甜瓜苗期生长时间、当地春季地温回升情况及定植时期来确定播种时间。薄皮甜瓜早熟品种苗期在30天左右，中、晚熟品种苗期为40天左右，再考虑到由于嫁接导致的7~10天幼苗缓慢生长期，就可以确定播种日期。

2. 床土的配制及苗床准备

优质的营养土是培育壮苗的关键，营养土要求疏散透气、黏结适度、保水保肥、富含营养，无病虫害。营养土一般采用4~5年未种过瓜类作物的大田土6份，充分腐熟的厩肥4份，用上述方法将营养土配置好后，每立方米的营养土再加入复合肥1.5kg，草木灰

5kg、75% 甲基硫菌灵 80g、多菌灵 80g、敌百虫或辛硫磷 60g（图 4-10）。注意杀菌剂、杀虫剂用量不可过大，以免发生药害。可先用少量土与药混匀，再掺入营养土中，最后将全部营养土充分拌匀，覆盖薄膜堆置。

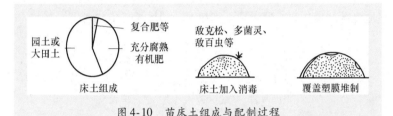

图 4-10　苗床土组成与配制过程

甜瓜为喜温作物，幼苗的生长发育需要较高的温度，而冬春及早春茬栽培育苗期正是深冬季节，多采用电热温床育苗。电热温床通常是在苗床营养土或营养钵下面铺设电热线，通过电线散热来提高苗床内的土壤和空气温度，以保证甜瓜育苗成功。甜瓜冬季采用电热温床育苗，易于控制苗床温度，育苗效果好，电热温床可在棚室内建平畦苗床，床宽 1.2～1.5m，长度依需要而定。铺设电热线前，首先根据电热温床总功率和线长计算出布线的间距。

电热线总功率 = 单位面积所需功率 × 加热面积

电热线根数 = 电热线总功率 ÷ 每根电热线功率

布线行数 =（电热线长度 – 苗床宽度 × 2）÷ 苗床长度

甜瓜育苗每平方米所需功率一般为 100～120W。布线行数应为偶数，以使电热线的两个接头位于苗床一侧。

由于苗床基础地温不一致，一般靠四边的地温较低，中间部位基础地温高，如果均匀铺设电热线，则由于苗床地温不一致，容易造成甜瓜苗生长不整齐。因此，不能等距布线，靠近苗床边缘的间距要小，靠近中间的间距要大。

布线前，先从苗床起出 30cm 的土层，放在苗床北侧，底部铺一层 15cm 厚的麦糠，摊平踏实。然后再在麦糠上面铺 2cm 厚的细土，就可以开始铺电热线了。先在苗床两端按间距要求固定好小木桩，从一端开始，将电热线来回绕木桩，使电热线贴到踏实的床土上，

每绕一根木桩时，都要把电热线拉筋拉直，使电热线接头都从床的一端引出，以便于连接电源（图4-11）。电热线布完后，接上电源，用电表检测线路是否通畅，没有问题时，再在电热线上撒 1~1.5cm 厚的细土，使线不外露，整平踏实，防止电热线移位，然后再填实营养土或排放营养钵并浇透水，盖好小拱棚，夜间还要加盖草苫，接通电源开始加温。两天后，当地温升到20℃左右以上即可播种。

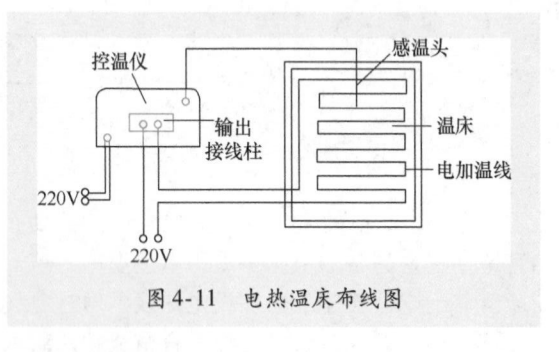

图4-11　电热温床布线图

3. 种子处理及播种

（1）浸种　温汤浸种：在浸种容器内盛入 3 倍于种子体积的 55~60℃的温水，将种子倒入容器内并不断搅拌，使水温降至30℃左右，在此温度下浸种 6~8h。

药剂消毒浸种：常用的方法主要有：①利用 0.2% 高锰酸钾溶液浸种20min，可以杀死种子表面的病菌；②磷酸三钠消毒法，即用10% 磷酸三钠浸种20min 后洗净，可起到钝化病毒的作用；③杀菌剂消毒法，即用50% 多菌灵可湿性粉剂 500 倍液浸种 1h，可以防治甜瓜炭疽病等病害。药剂消毒时，达到规定的药剂处理时间后，捞出后用清水洗净，然后再在 30℃的温水中浸泡 3h 左右。

【注意】　砧木种子处理一定要把种子表皮黏膜处理干净；一般采用常温浸种，浸种温度不宜过高。

（2）催芽　将浸泡好的甜瓜种子用湿布等包好后，放在 28~30℃的恒温箱下进行催芽。催芽过程中要保持通气，不要积水，要经常翻动种子，使种子受热均匀，催芽过程中要用 30℃温水清洗

1~2次。催芽的长度以露白为好。在30℃的温度下，大多数种子在24h左右就可以出芽。砧木催芽温度为25~28℃，要翻动4~5次，36h、50%种子出芽后就可以播种。

（3）播种 播种应选在晴朗无风的上午进行，这样有利于播种后苗床温度的提高。播种前应先将苗床和营养钵打好底水，以保证适宜的土壤湿度。播种时将催好芽的种子浸泡在盛水的容器中，水面刚好没过种子，防止种芽风干。苗床上播接穗甜瓜种子，按行距5cm，株距1cm进行播种；每个营养钵中心位置平放砧木发芽种子1~2粒，芽的方向要一致。如果芽长，可以用竹签或手指在营养钵中心位置扎1cm深的小孔，把种子顺着小孔播下。播种后用细沙土覆盖，盖土厚约1cm。

4. 嫁接方法

（1）插接法 嫁接时先去掉砧木真叶和生长点，同时抹去腋芽，用竹签沿右侧子叶主脉向左侧子叶朝下插入5~7mm，以竹签不扎破砧木下胚轴表皮为度。

然后取甜瓜苗在子叶下1cm处斜切一刀，深及茎粗的2/3，切口长5mm左右，再从另一面下刀，把胚轴切成楔形，将削好的接穗沿砧木刺孔插入，使砧木与接穗切口密切接合，并使其子叶呈"十"字形交叉，以免相互重叠，影响光合作用（图4-12）。

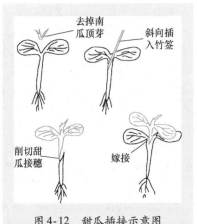

图4-12 甜瓜插接示意图

（2）靠接法 先用竹签将砧木苗的顶心剔除，再用刀片从子叶下方1cm处，自上而下呈45°斜切，深度为茎粗的一半，最多不要超过2/3，甜瓜苗从子叶下部1.5cm处自下而上呈45°向上斜切幼茎的1/2，然后将两幼苗的切口吻合，使甜瓜子叶在砧木子叶上面，要一次插好插牢，再用嫁接夹固定，否则易造成错位而影响成活。嫁接夹钳夹时

应将其内口放于接穗苗一侧，并使嫁接夹下沿与接合口下齐平，以利于愈合（图4-13）。

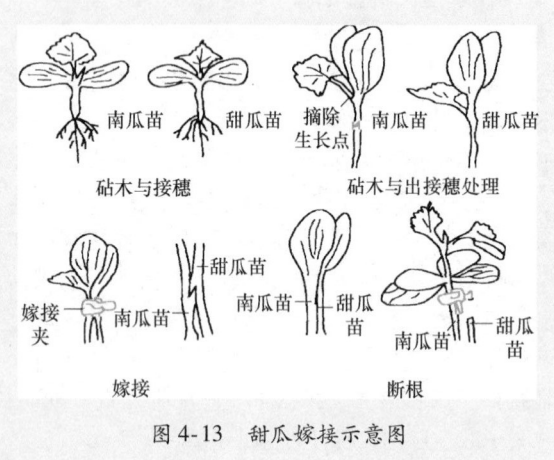

图4-13　甜瓜嫁接示意图

5. 嫁接后管理

嫁接后 1~3 天是形成愈合组织交错结合期，床温白天控制在 25~28℃，夜间温度保持在 20~22℃，一周后白天保持在 23~24℃，夜间保持在 15~28℃。湿度以空气湿度达到饱和状态，即塑料拱上有水滴为宜，2~3 天内密封不换气，此时正是愈合期，此后逐渐加大透风量和透风时间，但仍然需要高湿度，一周后苗床正常管理。遮光方面，嫁接好的甜瓜苗，为防止阳光直射萎蔫，在嫁接后的3天内一定要用草苫、纸帘等进行遮光，3天后可在早上、傍晚除去遮盖物，接受弱光、散光，此后逐渐增加透光时间，一周后只在中午（10：00~14：00）遮光，10天后撤除覆盖物，恢复正常苗期管理。

6. 适宜苗龄及壮苗标准

甜瓜壮苗特征是生长整齐，茎粗壮；下胚轴短，节间短，幼苗敦实；叶片肥厚，大小适中，颜色深绿有光泽，无病虫害，2~3 片真叶，根系发达。

三　定植

1. 定植方法

定植前尽量提早扣棚烤土，以提高地温；棚内采用高畦双行覆盖地膜栽培，如图 4-14 所示，畦南北走向。定植密度为 2400 ~ 2600 株。

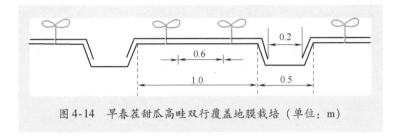

图 4-14　早春茬甜瓜高畦双行覆盖地膜栽培（单位：m）

2. 施肥

温室内土壤在前作物收获后及时深翻，基肥以有机肥为主，按生产 1000kg 甜瓜约吸收氮 3.5kg、磷 1.7kg、钾 6.8kg、钙 4.95kg、镁 1.05kg。在施肥时，基肥用量以占总施肥量的 1/2 ~ 1/3 为宜，采用沟施或穴施。第一次追肥可在定植后的营养生长期或开花期进行，在开花后 15 ~ 20 天再追肥 1 次，进入果实成熟期一般不再追肥。但对晚熟或采收期长的甜瓜品种，后期还可以适当追施一次磷、钾肥（图 4-15）。

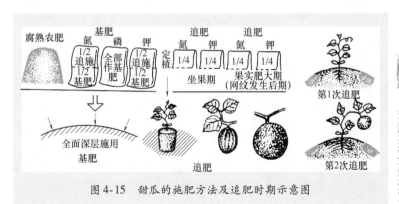

图 4-15　甜瓜的施肥方法及追肥时期示意图

四　定植后的管理

1. 栽培管理要点（图 4-16）

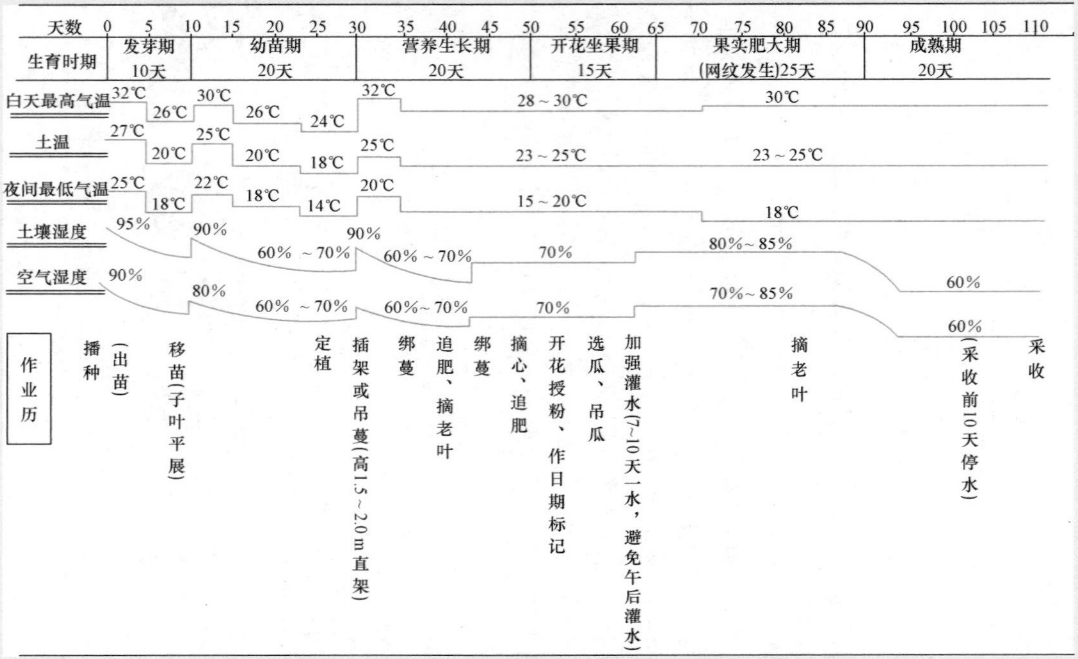

图 4-16　甜瓜的生育过程与栽培管理要点

天数	0　5　10	10　15　20　25　30	30　35　40　45	45　50　55　60	60　65　70　75　80　85	85　90　95　100　105　110
生育时期	发芽期 10天	幼苗期 20天	营养生长期 20天	开花坐果期 15天	果实肥大期(网纹发生) 25天	成熟期 20天
白天最高气温 32℃	32℃	30℃	32℃	28~30℃	30℃	
土温	27℃　26℃	26℃　25℃	24℃　25℃	23~25℃	23~25℃	
夜间最低气温 25℃	25℃	20℃　18℃	18℃	15~20℃	18℃	
土温	18℃	22℃　20℃	18℃　20℃　14℃	15~20℃	23~25℃	18℃
空气湿度	90%	80%	60%~70%	70%	70%~85%	60%
土壤湿度	95%　90%	90%	60%~70%	80%~85%	80%~85%	60%
作业历	播种　出苗	移苗(育苗钵)　平畦　展叶	定植　搭架或吊蔓(高1.5~2.0直果)　整蔓摘心追肥　绑蔓追肥　摘老叶	开花授粉(品种、日期标记)　选瓜　加强灌水(坐瓜节1~10天,避免午后灌水)	摘老叶	采收前10天停水　采收

2. 植株调整

(1) 甜瓜的整枝　甜瓜的整枝方式很多，应结合品种特点、栽培方法、土壤肥力、留瓜多少而定，温室厚皮甜瓜栽培常用单蔓整枝和双蔓整枝，温室薄皮甜瓜栽培多用三蔓整枝。

单蔓整枝又可以分为母蔓作主蔓和子蔓作主蔓单蔓整枝。母蔓作主蔓整枝，是母蔓苗期不摘心，在一定节位的子蔓上坐瓜，而将其他的子蔓全部除掉；子蔓作主蔓整枝，是母蔓4~5片真叶时摘心，促发子蔓，在基部选留一条健壮的子蔓，将其余的子蔓去掉，利用孙蔓坐瓜。以子蔓作主蔓整枝时，主蔓基部1~10节上着生的侧芽在萌芽时就全部抹去，只选留11~15节位上生出的侧蔓坐瓜。而母蔓作主蔓整枝时，春季宜在14~16节留瓜，大型中晚熟品种以15~17节留瓜为好。对无雌花的侧枝要及时打去。主蔓长到22~28片叶时打顶，若采取多层次留瓜栽培，可以在主蔓的最上端留一侧芽，其余不结瓜的侧蔓全部抹去（图4-17）。

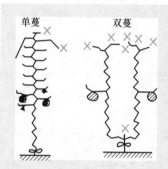

图 4-17　甜瓜的单蔓整枝和双蔓整枝过程

双蔓整枝是在母蔓4~5片真叶时摘心，促发子蔓，从中选择长势好、部位适宜的两条子蔓留下，让其生长，抹去子蔓基部1~6节位上生出的孙蔓（侧芽），选择子蔓第7~11节位上的孙蔓坐瓜，有雌花的孙蔓留1~2片叶摘心，无雌花的孙蔓也在萌芽时抹去，每条子蔓生长到20片叶时打顶，最后每株留两个瓜。双蔓摘心整枝法产量较高，适合春秋季栽培，但瓜的成熟期稍晚，且成熟期不太集中。

三蔓整枝是在主蔓5~6片叶时摘心，选留适宜子蔓3条，子蔓6~8叶时摘心，孙蔓于雌花前2~3片叶时摘心，如果枝叶密集，可酌情疏除不结果的孙蔓，每株留50片叶左右。最后留2~3个瓜，此法多用于棚室薄皮甜瓜。

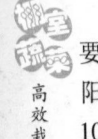

甜瓜整枝无论采取哪种方式，整枝时都应注意以下问题：整枝要使茎叶合理、均匀地分布，防止茎叶郁闭，以充分利用土地和太阳光能为原则；茎蔓旺盛生长期要及时整枝和理蔓，整枝要在晴天10：00后进行，阴雨天或早上整枝则温室内湿度大，茎蔓伤口不易愈合，易造成感染发病。

（2）甜瓜的留瓜 甜瓜的留瓜方法是当有瓜生长到乒乓球大小时即可进行留瓜。留瓜过早，则难以确定是否坐住瓜或幼瓜是否优质。留瓜过晚，则会使植株消耗大量养分。留瓜的原则和顺序是：①选择发育周正、颜色鲜亮、果形稍长、果柄粗壮的幼瓜，将畸形果、小果剔除。②在选中的瓜中，如果大小相近则选留晚授粉的，摘除早授粉的。③同时授粉而瓜大小相近时，则选留上节位的，淘汰下节位的。如果选留两个瓜时，一定要选留大小相当、位置相近、授粉时间相同的瓜，以防长成的果实一大一小。田间选留幼瓜可以分次进行。留瓜后将未选中的瓜全部摘除。

甜瓜留瓜的个数应根据品种、整枝方式、栽培密度等条件而定。早熟品种可以多留瓜，晚熟品种少留瓜，双蔓整枝多留瓜，单蔓整枝少留瓜，栽培密度小时多留瓜，密度大时少留瓜。

3. 人工授粉（图4-18）

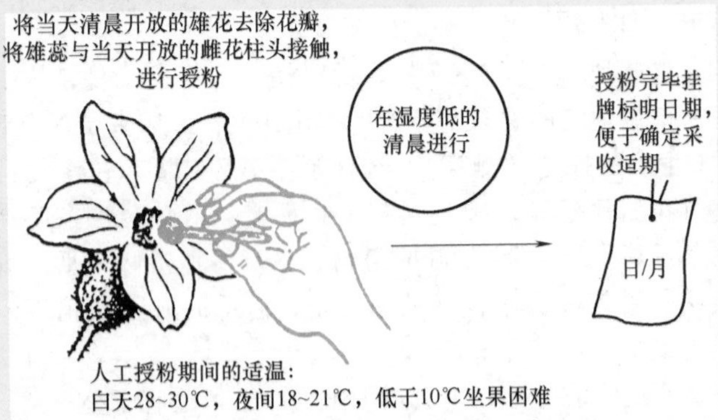

将当天清晨开放的雄花去除花瓣，
将雄蕊与当天开放的雌花柱头接触，
进行授粉

在湿度低的
清晨进行

授粉完毕挂牌标明日期，便于确定采收适期

日/月

人工授粉期间的适温：
白天28~30℃，夜间18~21℃，低于10℃坐果困难

图4-18 甜瓜的人工授粉和挂牌

4. 吊瓜

日光温室栽培甜瓜，因采用吊蔓生产方式，当幼瓜长到 150 ～200g 时，应及时进行吊瓜。吊瓜的作用是防止果实长大后坠落；防止果实接触地面而感病；吊瓜可以使植株叶片和果实在棚内空间分布合理，使果面颜色均匀一致。

吊瓜的方法是：用塑料网兜将瓜吊起，或用塑料绳直接拴在果柄近果实部位，将瓜吊起，将网兜或塑料绳的上端系到日光温室上部的铁丝上或竹竿支架的横竿上。吊瓜的高度与瓜的着生节位要保持相平或稍高一些，以免瓜大坠秧。吊瓜的方向、高度要尽量一致，以便于操作管理。生产上常用的几种吊瓜方法，见图 4-19。

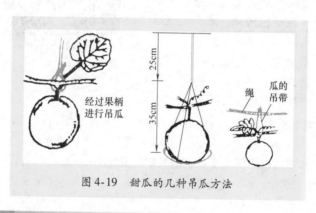

经过果柄进行吊瓜

25cm

35cm

绳

瓜的吊带

图 4-19 甜瓜的几种吊瓜方法

五 采收

1. 果实成熟的过程

厚皮甜瓜果实在授粉受精后约 7 天，可长到鸡蛋大小，半个月左右果实顶部出现网纹。早熟品种、早中熟品种约在授粉坐瓜后40 ～45 天成熟。同一品种低温季节与高温季节生长的果实自坐果到采收所需时间可相差 15 天左右。

2. 果实成熟的特征

果实成熟的特征为结果枝坐果节位上的叶片产生褐色斑点，果面出现品种特有的色泽、香味和网纹，但最好是根据授粉后日数来确定。采收应在早晨气温低时进行。厚皮甜瓜收摘方法如

图 4-20 所示。

高效栽培

六 甜瓜病虫害防治

1. 甜瓜细菌性叶斑病

【症状】 此病为害叶、茎、瓜，以叶受害较严重，在甜瓜各生育期均可发生。子叶受害成水渍状近圆形凹陷斑，后变为黄褐色。真叶受害，初呈油渍状，逐渐变成浅褐色多角形至近圆形斑，边缘常有一锈黄色油渍状环，最后呈半透明状，干燥时破裂。空气潮湿时，病斑溢出浅黄褐色菌脓。果实和茎蔓染病，病斑呈油渍状，深绿色，严重时龟裂或形成溃疡，溢出菌液。果实发病，病菌可向内一直扩展到种子，使种子带菌（彩图15）。

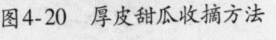

图4-20 厚皮甜瓜收摘方法

【发病原因】 病菌在种子内或随病残体在土壤内越冬。通过伤口或气孔、水孔和皮孔侵入，发病后通过雨水、浇水、昆虫传播，病害与结露或雨水关系密切。病菌生长温度为 1 ~ 35℃，发育适宜温度为 20 ~ 28℃，39℃停止生长，49 ~ 50℃致死。空气湿度高、多雨或夜间结露有利于发病。

【防治方法】

1) 种子。选用无病种子，播种前用 50 ~ 52℃温水浸种 30min 后催芽播种。或选用种子重量 0.3% 的 47% 加瑞农可湿性粉剂拌种。

2) 床土。用无病土育苗，拉秧后彻底清除病残落叶，与非瓜类作物进行 2 年以上轮作。

3) 农业措施。合理浇水，防止大水漫灌，保护地注意通风降湿，缩短植株表面结露时间，注意在露水干后进行农事操作，及时防治田间害虫。

4) 药剂防治。发病初期进行药剂防治，可选用 5% 加瑞农粉尘剂 15kg/公顷喷粉防治。也可以用 47% 加瑞农可湿性粉剂 600 倍液、

77%可杀得可湿性粉剂500倍液、25%二噻农加碱性氯化铜水剂500倍液、25%噻枯唑300倍液、新植霉素5000倍液喷雾防治。

2. 病毒病

【症状】 此病多表现为全株性发病，初期叶片出现黄绿与浓绿相间的花斑，以后皱缩，叶片变小，凹凸不平或向下扣卷。随病害发展瓜蔓扭曲萎缩，植株矮化，幼瓜停止生长，果面上出现浓淡相间的斑驳，或轻微瘤状凸起（彩图16）。

【发病原因】 甜瓜种子可带毒，也可通过棉蚜、桃蚜和机械摩擦传染。高温干旱或强光照有利于发病。发病早晚、轻重与种子带毒率高低和甜瓜生长期气候有关，种子带毒率高，病害发生早；生长期天气干燥高温，蚜虫数量多，发病较重。

【防治方法】

1）品种选择。进行种子消毒，播种前用10%磷酸三钠浸种20min，然后洗净催芽播种。也可用55℃温水浸种40min，或干种子70℃热处理3天。

2）农业措施。施足底肥，适时追肥，前期少浇水，多中耕，促进根系生长发育。及时防治蚜虫，早期病苗尽早拔除，中后期注意适时浇水、施肥，加强田间管理。

3）药剂防治。发病前期至初期可用20%病毒A可湿性粉剂500倍液或1.5%植病灵喷施。

3. 白粉病

【症状】 此病在甜瓜全生育期都可以发生，主要为害叶片，严重时亦为害叶柄和茎蔓。叶片发病，初期在叶正、背面出现白色小粉点，逐渐扩展呈白色圆形粉斑，多个病斑相互连接使叶面布满白粉。随病害发展，粉斑颜色逐渐变为灰白色，后期偶在粉层下产生黑色小点。最后病叶枯黄坏死（彩图17）。

【发病原因】 病菌随病残体在保护地内越冬，也可以分生孢子在其他寄主上为害越冬，借气流、雨水传播。病菌喜温湿，耐干燥，高温干燥和潮湿交替有利于病害发生发展。病菌生长温度为10~30℃，适宜温度为20~25℃，相对湿度25%~85%时分生孢子均可萌发，以高湿条件适宜发病。生长中后期植株生长衰弱，发病严重。品种间对白粉病的抗性有明显差异。

【防治方法】

1）品种选择。目前，龙甜1号、娜依鲁网纹甜瓜、伊丽莎白等品种相对抗病，可选用。

2）农业措施。培育壮苗，定植时施足底肥，增施磷、钾肥，避免后期脱肥。生长期加强管理，注意通风透光，保护地提倡使用硫黄熏蒸器定期熏蒸预防。

3）药剂防治。发病初期选用2%农抗120水剂、2%武夷菌素水剂200～300倍液、43%菌力克悬浮剂8000倍液、10%世高水分散粒剂8000倍液、40%福星乳油8000倍液、25%百理通可湿性粉剂2500倍液、30%特富灵可湿性粉剂4000倍液、25%粉锈宁可湿性粉剂1000～1500倍液喷雾。保护地种植发病初期选用5%百菌清粉尘剂或5%加瑞农粉尘剂，或上述喷雾药剂的粉尘剂15kg/公顷喷粉，防治效果理想。有条件的宜使用常温烟雾施药防治。

第四节 棚室番茄冬春茬嫁接栽培技术

温室番茄重茬较多，土传病害严重，已成为温室番茄发展急需解决的问题。温室番茄嫁接技术，就是针对上述问题而推出的一种全新栽培模式。该栽培模式选用结果时间较长的中晚熟品种，用野生番茄做砧木嫁接育苗，配合稀植、2～3穗果打顶换头、化控管理等措施，较好地解决了温室番茄土壤病害严重的问题。

一 品种选择

选择分枝力较弱、株型小、枝干节间短、较耐低温和弱光照、花穗密度大、抗病能力强的品种。目前尚没有温室专用的番茄品种，品种均为露地、保护地兼用的栽培品种（表4-2）。

表4-2 日光温室和塑料大棚番茄栽培的品种选择

栽培类型	品种选择原则	适宜品种
春茬栽培	耐低温弱光、抗病、早熟、植株开张度小、丰产	L-402、L-401、沈粉3号、辽粉杂3号、佳粉10号、佳粉15号、双抗2号、苏抗9号、济南110、农大24、早丰、早魁、毛粉802、东农704等

栽培类型	品种选择原则	适宜品种
秋茬栽培	抗病性强、耐热、生长势旺盛的大型果实的无限生长型中晚熟品种	毛粉 802、沈粉 3 号、辽粉杂 3 号、L-402、佳粉 15 号、西农 72-4、特洛皮克、佛洛雷德等
秋冬茬栽培	耐低温弱光、抗晚疫病和灰霉病、叶片疏、根系发达的无限生长型品种	L-402、L-401、佳粉 15 号、丽春、双抗 2 号等
冬茬栽培	与秋冬茬栽培相同	与秋冬茬栽培相同
冬春茬栽培	耐低温弱光、抗病、早熟、植株开展度小、生长势强、丰产	L-402、L-401、沈粉 3 号、辽粉杂 3 号、佳粉 10 号、佳粉 15 号、双抗 2 号、苏抗 9 号、济南 110、农大 24 等

二 嫁接育苗

1. 确定育苗期

北方地区，温室秋冬茬番茄的主要上市时间应安排在当年的 11 月～第二年 1 月。番茄从播种育苗到收获上市一般需要 120 天左右的时间，照此推算，温室秋冬茬番茄的适宜播种育苗时间应安排在 7 月下旬～8 月上旬。温室冬春茬播种期为 9 月上旬～10 月上旬。

2. 床土准备

（1）床土配置

1）6 月堆制，其方法见图 4-21。

大田土　未腐熟鸡粪或猪粪　未腐熟马粪或稻乱　100kg 床土　　=堆制床土
4 份　+　　　3 份　　　+　　　3 份　　+20g 氮磷钾复合肥　　　旧塑料薄膜

图 4-21　床土的堆置方法

注：田土要从最近 4～5 年内没有种过番茄、茄子及辣椒的地块上挖取，土质以壤土为最好。

2）临时配制，其方法见图 4-22。

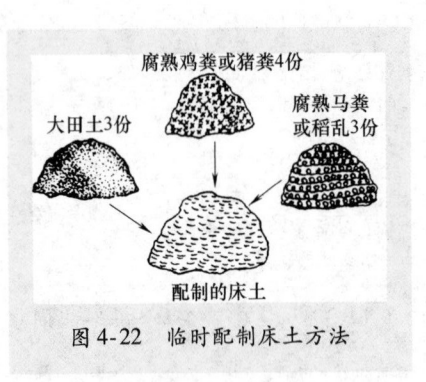

图 4-22　临时配制床土方法

（2）床土过筛　其方法见图 4-23。

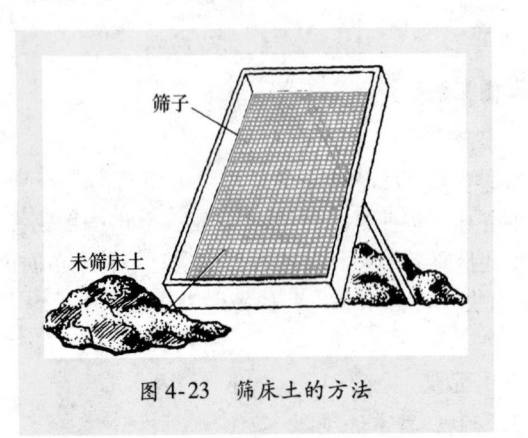

图 4-23　筛床土的方法

3. 播种与育苗

（1）种子消毒与浸种催芽　用 50～55℃ 温水浸泡 20min 消毒，捞出后再用 20～30℃ 水浸种 4～6h 后可以播种。番茄种子消毒与浸种方法，见图 4-24。

（2）播种

1）装床土，床土厚度 6～8cm。

2）浇透底水。

3）播种用撒播法，每平方米苗床播 20g，覆土厚度 1cm。

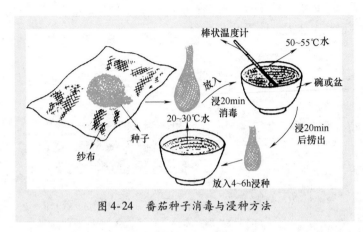

图 4-24　番茄种子消毒与浸种方法

4）覆盖地膜或浸湿报纸，寒冷季节覆地膜，高温季节覆湿的报纸（图 4-25）。

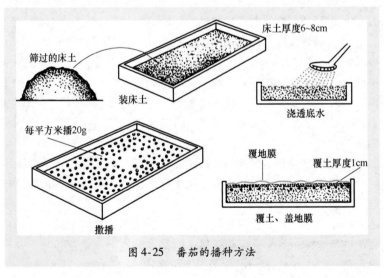

图 4-25　番茄的播种方法

4. 播种后嫁接前苗床管理

（1）温度管理　番茄嫁接育苗的时间主要是在 8 月，此期的苗床温度比较高，在温度管理上，要以防高温为主。播种至出苗的温度保持在 25～30℃。温度过高，中午前后要在苗床上覆盖遮阴网遮

阴降温，苗露头后及时揭去覆盖物。低温期放入配有电热线的小拱棚或酿热温床内，见图4-26。

温室内
小拱棚

5cm厚土
10cm厚
酿热物

电热线

直到出苗温度保持在25~30℃
苗露头后及时揭去地膜

酿热温床

图4-26　番茄春茬育苗的播种期

（2）**通风管理**　加强苗床通风，可以降低畦面湿度，预防苗期病害，同时大通风也能防止番茄苗徒长。到嫁接前，只要苗床外的温度不低于15℃，就要进行通风。

（3）**水分管理**　此期苗床温度比较高，通风量也比较大，床土容易失水变干，要加强育苗床的浇水管理。浇足播种水并覆盖地膜保湿后，出苗期一般不需要浇水。出苗后要勤喷水，保持床土半干半湿。为了防止喷水后畦面发生板结，以及降低苗床湿度，预防病害，喷水后应在叶片上无水珠时，将畦面均匀撒盖一层育苗土压湿和保湿。

（4）**间苗**　番茄嫁接用苗床的播种密度比较大，出苗后要及时将幼苗密集处的苗疏掉一部分，使幼苗间保持2cm以上的间距。病苗、畸形苗等要及早间掉。

（5）**分苗**　番茄靠接法嫁接一般不分苗，嫁接时直接从苗床内拔苗进行嫁接。番茄劈接和插接一般采取砧木不离地嫁接法，要在砧木苗长到2~3叶期进行分苗，把苗移栽到育苗钵内进行培养。

三　嫁接

1. 砧木选择

目前番茄嫁接所用的砧木数量比较少，主要来自日本。砧木的选择，见表4-3。

表4-3 砧木的选择

砧木名称	抗病性	品质影响	对温度要求
BF 兴津 101	抗青枯病、枯萎病；不抗根腐病	对品质影响小	种子发芽及幼苗期要求高温
PFN	较耐青枯病、枯萎病、根线虫；不抗根腐病	对品质影响小	种子发芽及幼苗期要求高温
PFNT	对青枯病、枯萎病、根线虫和烟草花叶病毒综合抗性较强；不抗根腐病	对品质影响小	种子发芽及幼苗期要求高温
KVNF	对根腐病、枯萎病、根线虫有较强的抗性；不抗青枯病	对品质有一定不良影响，番茄徒长	对温度不敏感
耐病新交 1 号	抗根腐病、枯萎病、根线虫，不抗青枯病	对品质有不良影响，番茄徒长，坐果不良	对温度不敏感

2. 嫁接方法

(1) 劈接法操作要点

1) 对嫁接用苗的要求。劈接法适宜的砧木苗大小为 4.5 ~ 5 叶期，适宜的番茄苗大小为 4 ~ 4.5 叶期。砧木苗与番茄苗的大小差异不要太大，以避免其接口面积大小差异过大，影响接合的质量。由于砧木苗的生长速度较番茄苗的慢一些，所以砧木较番茄提早 5 ~ 7 天播种。用于劈接的砧木苗多在嫁接前移栽于育苗钵内，移栽成活后再进行嫁接。

2) 砧木苗茎削切。将砧木苗连育苗钵一起从育苗床中搬出或直接在育苗床内，用刀片将苗茎从第 3 ~ 4 片叶之间横切断，然后在苗茎断面的中央，纵向向下劈切出一个长 1.5cm 左右的接口。

3) 番茄苗茎削切。从育苗床中挖出番茄苗，用刀片在苗茎的第 2 ~ 3 片叶间，紧靠第 2 片叶把苗茎横切断，然后用刀片将苗茎的下

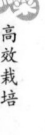

部削成双斜面形，斜面长1.5cm左右。

4）插接。把削好的番茄接穗接口与砧木的接口对准形成层，插入砧木的苗茎内。番茄接穗要插到砧木苗茎的切口底部，尽量不留空隙，以避免番茄苗茎切面在砧木苗茎的切口内产生不定根。

5）固定接口。插接好番茄苗穗后，随即用嫁接夹夹住嫁接部位。嫁接过程如图4-27所示。

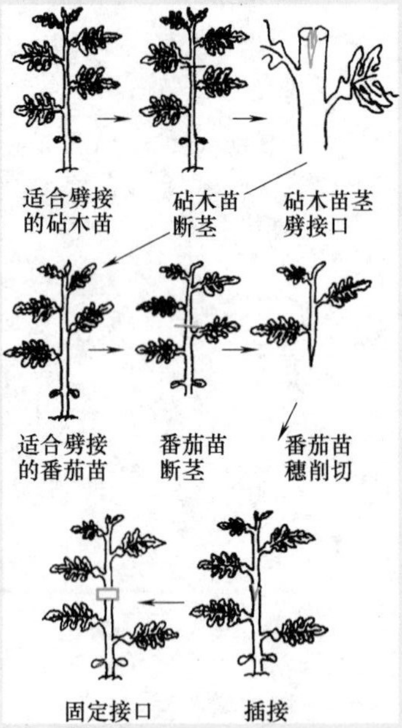

（2）靠接法操作要点

1）对嫁接用苗的要求。靠接法要求砧木苗和番茄苗的大小基本相同，特别是要求苗茎粗细要基本相等，以使砧木苗和番茄苗的切面大小基本相近，能够较完全地贴合。由于砧木苗的生长速度较番茄苗稍慢一些，所以砧木应较番茄提早3～5天播种。适宜靠接的番茄苗为第3～4片叶展开后的大小。

2）砧木苗茎削切。用刀片在苗茎的第3～4叶间横切，去掉新叶和生长点，然

图4-27 番茄劈接

后在第1片真叶下、苗茎无叶片的一侧，用刀片沿40°左右的夹角向下斜削一刀，切口长1cm左右（将半片双面刀片全部切入苗茎内即达要求），深度在苗茎粗的2/3以上。

3）番茄苗茎削切。取番茄苗，用刀片在苗茎无叶片的一侧，第1片真叶下，紧靠子叶，沿40°左右的夹角，向上斜切一刀，刀口长同砧木切口，刀口深度在苗茎粗的2/3以上。

4）砧穗嵌合。把砧木苗与番茄苗的苗茎切口对齐、对正嵌合好。苗茎的切面要充分接合，相互间要尽量插到切口的底部，不留空隙。

5）固定接口。嵌合好后，随即用嫁接夹把嫁接部位夹住。

6）栽苗。从苗床内挖苗嫁接时，在嫁接完后，要随即将嫁接苗栽入育苗钵内或育苗床内。栽苗要浅，使嫁接部位远离地面，避免遭受土壤污染。另外，砧木苗和番茄苗之间要分开约 1cm 左右栽于土中，以便当嫁接苗成活后，从嫁接部位下切断番茄的苗茎。

（3）插接法操作要点

1）对嫁接用苗的要求。要求砧木苗茎要粗一些，以便在苗茎上插孔，适宜的砧木苗大小为 4～5 叶期。番茄苗应较砧木苗茎细一些，以便插入砧木的苗茎内，而不插破砧木苗茎。适宜的番茄苗大小为 2～2.5 叶期。在播种时间的安排上，砧木应较番茄提早 7～10 天播种。

2）砧木苗茎插孔。将砧木苗连钵一起从苗床中搬出，并用刀片在苗茎的第 3～4 片叶间横切，去掉新叶和生长点，后用竹签或粗钢针在第 3 片叶下、无叶片的一侧，沿 40°左右的夹角，向下斜插孔，插孔深以竹签刺到苗茎的另一侧表皮为适宜，插孔长 1cm 左右。

3）番茄苗茎削切。从苗床中挖出番茄苗，在子叶节下用刀片将苗茎削成双斜面形或单斜面形，削面长 1cm 左右。

4）插接。将番茄苗穗的切面朝下对准砧木苗茎的插孔插入，番茄苗穗切面要全部插入砧木的插孔内。

3. 嫁接方法比较（表4-4）

表4-4　嫁接方法比较

嫁接方法	优　点	缺　点
劈接法	砧木与接穗接口面积较大，有利于伤口愈合、培育壮苗；嫁接部位高，防病效果较好	接穗不带自根且嫁接部位容易发生劈裂，成活率较低
靠接法	接穗带根嫁接，对环境要求较低，成活率较高	砧木与接穗接面的截面积较小，容易发生脱离；嫁接部位比较容易折断；番茄苗茎切断后往往要在接口外留下一段断茬，断茬上较容易发生自根，同时由于嫁接位置比较低，自根长出后较容易扎入地里，使嫁接失去意义

嫁接方法	优　点	缺　点
插接法	嫁接接口不需要固定，工作效率高；嫁接部位高，接穗不容易发生自根，嫁接效果比较好；嫁接部位不易发生劈裂和折断	接穗不带自根，容易失水萎蔫，嫁接苗成活期间对苗床环境的要求比较严格，嫁接苗的成活率也不容易掌握

4. 番茄嫁接苗管理要点

成活阶段从嫁接开始，到番茄苗穗开始明显生长结束，在苗床条件适宜时，需要 8～10 天的时间。

1）温度管理。此阶段的适宜温度为 25～30℃，温度过高，番茄苗穗失水加快，容易发生萎蔫，一般最高温度应不超过 32℃，温度偏高时，要用草苫、遮阳网等对苗床进行遮阴。苗床内的最低温度不低于 20℃。

2）空气湿度管理。此阶段要求比较高的空气湿度，特别是嫁接后头 3 天，苗床内的空气湿度要保持在 90% 以上，以后几天也要保持在 80% 左右。在适宜的空气湿度下，嫁接苗一般表现为叶片展开正常、叶色鲜艳，上午日出前叶片有吐水现象，中午前后叶片不发生萎蔫。一般来讲，嫁接后育苗钵浇透水或苗床浇足水，并用小拱棚扣盖严实时，嫁接后头 3 天一般不会出现空气干燥现象，假如此阶段苗床内发生了干燥，要在早晨或傍晚，用水瓢盛水小心浇入苗行间，不要叶面喷水，以免污水流入嫁接口内，引起接口腐烂。

3）通风管理。通常从第 3 天开始通风。通风量要先小后大，以通风后嫁接苗不发生萎蔫为适宜，嫁接苗发生萎蔫时，要及时合严棚膜，萎蔫严重时，还要对嫁接苗进行叶面喷水。

在通风时间安排上，要先早晚，渐至中午，嫁接苗不发生萎蔫时，可全天通风。

4）浇水管理。当苗床开始大通风后，苗床的失水速度也随之加快，育苗钵土容易干燥，要及时浇水，始终保持育苗土不干燥。

5）光照管理。此阶段要求散射光照，直射光照射嫁接苗后，容易引起苗子体温过高，失水加快，而发生萎蔫。一般头几天先将苗床遮成花荫，后过渡到不遮阴，适宜的光照时间为遮光前和除掉遮阴物后，嫁接苗不发生萎蔫。

四 定植技术

1. 定植前的准备

（1）施肥数量及方法

1）测土施肥，见表4-5。

表4-5 栽培番茄的土壤养分含量标准

养分种类	有机质（%）	全氮（%）	速效氮 /（mg/kg）	速效磷 /（mg/kg）	速效钾 /（mg/kg）
养分含量	3~4	0.2	160~200	100~150	300

注：表中数据为土壤中确保的养分含量，不是施肥量。

2）一般基肥施用量，见表4-6。

表4-6 一般菜田土壤肥力下的基肥施肥量

（单位：kg/亩）

肥料种类	腐熟有机肥	磷酸二铵	硫酸钾	尿素	过磷酸钙
施肥方法1	7000~8000	20	30		
施肥方法2	7000~8000	—	30	10	20~30
备注	撒施	沟施	沟施	沟施	沟施

（2）深翻及开沟做垄（图4-28） 深翻40cm。按50cm行距或50cm和70cm大小行距开沟，沟深15cm。定植前沟施化肥，每亩施磷酸二铵20kg，硫酸钾30~40kg。

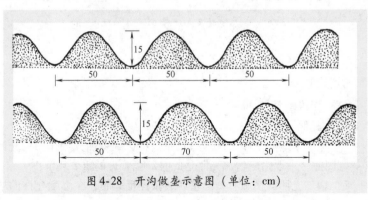

图4-28 开沟做垄示意图（单位：cm）

2. 定植

（1）温度 定植时日光温室和大棚内的温度界限极端最低气温应在5℃以上，10cm土温应稳定在10℃以上。

（2）定植方法 定植深度为幼苗第1片真叶与地表面平齐，徒长苗可深栽。幼苗地上部高度留20cm左右。按株距30cm在定植沟内摆苗。然后少许覆土，并在沟内灌足定植水。按垄高10～13cm起垄。

3. 扣膜

扣膜采用100～120cm幅宽的普通透明地膜，定植后第2天进行扣膜。扣膜方法是两人把地膜拉成与垄同长，并把两端埋入土中，然后用刀片在每个植株位置处划成纵口，将苗从口中掏出，最后拉紧地膜，用土压严，并封好定植口。如需安装软管滴灌设备，应先安装后扣膜（图4-29）。

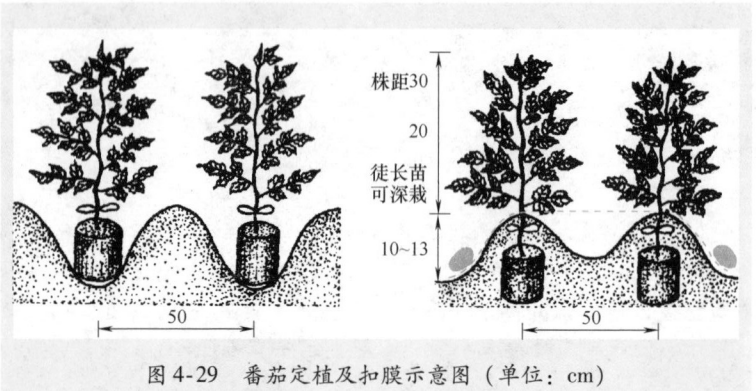

图4-29 番茄定植及扣膜示意图（单位：cm）

五 田间管理

1. 环境管理

（1）温度（图4-30）

（2）光照

1）冬春季节温室和大棚内的光照很难达到番茄光合作用的光饱和点，因此，采取措施增加光照是此时环境管理的重要环节。

2）增加光照的措施有：温室后墙张挂反光膜；在温度允许的情

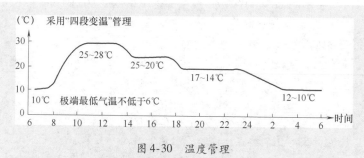

图 4-30 温度管理

栽培期间地温应保持在 20℃ 左右，一般不得低于 12℃。采取各种保温覆盖措施（覆盖草苫、纸被、张挂保温幕、设置小拱棚等）和放风来调节。

况下，早揭和晚盖多层保温覆盖物；经常清除透明覆盖材料上的污染物。

（3）肥水

1）定植时浇透定植水后，3～5 天再浇 1 次缓苗水，此后直到第 1 穗果开始膨大，应以保摘为主，适当蹲苗。

2）第 1 穗果第 1 果开始膨大后，再开始灌水，此后应保持土壤经常湿润，使土壤含水量维持在 70%～80%。

3）灌水指标为每亩 1 次，灌水量为 20～30 吨，灌水间隔 4～7 天。

4）灌水时要注意在晴天上午进行。生育前期主要采取地膜下沟灌或滴灌，地膜未覆盖沟不灌水，以防空气湿度过大。生育后期大放风时才可以在全部沟内灌水。

5）第 1 穗果第 1 果长至核桃大小时，开始进行第 1 次追肥，每亩追施磷酸二铵 20kg，追后及时灌水。

（4）空气相对湿度

1）冬春季节降低温室和大棚内的空气相对湿度十分重要。

2）降低空气相对湿度的措施主要有：地膜覆盖或垄沟内铺稻草；灌水时只灌地膜下的沟；在温暖的晴天中午适当通风排湿。

（5）二氧化碳施肥

1）施用时期：第 1 果穗开花至采收期间。

2）施用时间：每天日出或揭苫后 0.5～1.0h 开始，持续 2～3h，或者放风时停止。

3）施用量：800~1000mg/kg（阴天施500mg/kg左右）。

4）二氧化碳源：碳酸氢铵＋硫酸→二氧化碳＋水＋硫酸铁（每日每亩需碳酸氢铵3.8kg，硫酸2kg）。

液态二氧化碳（需钢瓶）每日每亩需1.5~2.0kg，还可以施用固体二氧化碳肥或燃煤油（二氧化碳发生炉）。

【提示】 可以通过以下方法防治番茄畸形果：①育苗期加强增温管理；②不要在地温和气温偏低时过早定植；③使用坐果激素要注意适宜浓度；④氮肥施用不宜过多；⑤注意防止过干、过湿、加强水、肥管理。

2. 植株调整

（1）整枝

1）单秆整枝（图4-31）。除主枝生长点外，其余侧枝全部打掉。根据留果穗数确定摘心位置，一般以留3穗果居多。在植株最上部果穗之上留2~3片叶摘心。每果穗留4~5个果实。

2）连续摘心整枝（图4-32）。主枝第1穗花开放后，将紧靠该穗花下部的叶腋中出现的第1侧枝留下，其余侧枝打掉。待主枝上第2穗花出现后，上留2片叶摘心，这时第1侧枝上第1穗花出现，同样将一紧靠该穗花下部的叶腋中出现的第2侧枝留下，其余侧枝

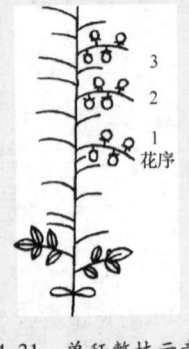

图4-31　单秆整枝示意图

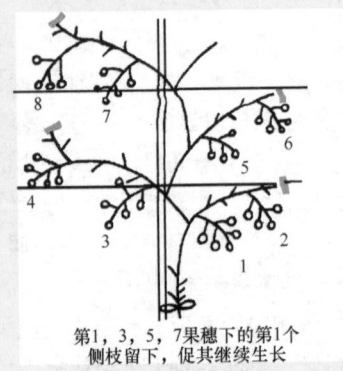

第1，3，5，7穗下的第1个
侧枝留下，促其继续生长

图4-32　连续摘心整枝示意图

打掉，待第 1 侧枝上第 2 穗花出现后，上留 2 片叶摘心。以此类推，可以根据需要留 4 ~ 10 穗果。

【注意】①对于患病毒病等的植株应单独进行整枝，避免人为传播病害；②打杈摘心应选晴天进行，以利于伤口愈合，不要在雨天或露水未干时进行，防止感染病原菌。

（2）插架

1）直立架。一般在 80 ~ 100cm 大行距留多穗果时采尽。每株垂直插一根竹竿或吊一根绳（图 4-33）。

可留 5~10 穗果

果穗

马蔺或稻草

架材

80~100cm

图 4-33　番茄插直立架示意图

2）"人"字架。在 50cm 小行距时采用。每株插一根竹竿，并且每两垄呈"人"字形搭在一起形成一架（图 4-34）。

（3）防止落花落果　施用番茄坐果激素，选用沈农番茄丰产剂 2 号，75 ~ 100 倍液。每花序有 3 ~ 4 朵花开放时蘸或喷整个花序。该激素的特点是施用方便，果实膨大速度快，果实大小整齐，产量不易造成畸形果，而且蘸花省工，是目前较好的番茄坐果增产激素（图 4-35）。

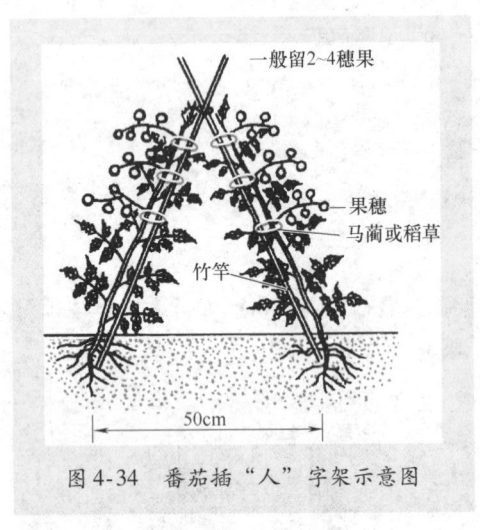

一般留2~4穗果

果穗

马蔺或稻草

竹竿

50cm

图 4-34 番茄插"人"字架示意图

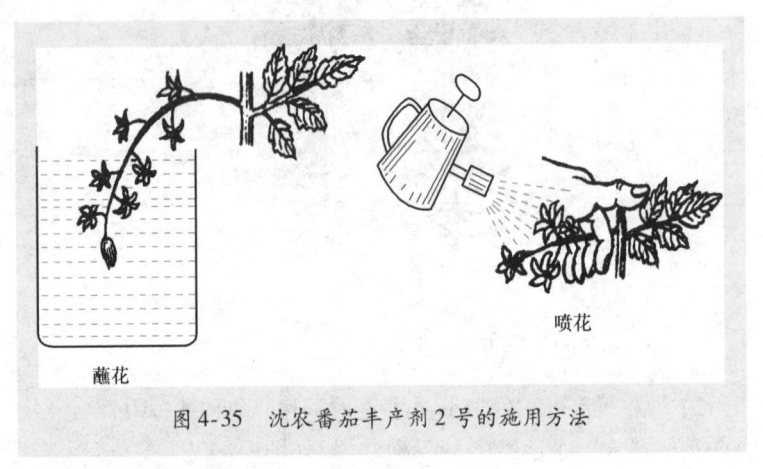

蘸花

喷花

图 4-35 沈农番茄丰产剂 2 号的施用方法

六 收获

1. 采收时期

　　一般番茄果实从颜色由绿转白到全部变为标准颜色的一段时间内，均可以根据需要进行采收。但不同期采收的果实，其风味、品质及耐储运等的能力是大不相同的。依据番茄果实的采收目的不同，通常将番茄果实采收期划分为绿熟期、变色期、成熟期和完熟期 4

个时期，栽培上一般只用前 3 个采收期。

（1）绿熟期　此时番茄果实已经充分长大，果皮由绿转白，种子发育基本完成，但食用性还很差，需经过一段时间的后熟，果实变色后，才可以食用。与正常成熟的果实相比较，后熟后的果实风味明显不佳。由于此期采收的果实质地较硬，比较耐储存和挤压，适合于长途贩运，因此用于长期储存或长途贩运的果实多在此期采收。

（2）变色期　此期的番茄果实脐部开始变色，采收后经短时间后熟即可全部变色，变色后的果实风味也比较好。不过此期的果实质地硬度较差，不耐储存也不耐挤碰，故此期采收的果实只能用于短期储存和短距离贩运。

（3）成熟期　此期的果实大部分变色，表现出该品种特有的颜色和风味，品质最佳，也是最理想的食用期。但此期的果实质地较软，不耐挤碰，挤碰后果肉很快变质。因此，此期采收的果实适合于就地销售。

（4）完熟期　此期的果实全部变色，果肉变软、味甜，种子成熟饱满，食用品质变劣。此期采收的果实主要用于种子生产和加工番茄果酱。

2. 采收要求

1）要在早晨或傍晚温度偏低时采收果实，不要在温度较高的中午前后采收。中午前后采收的果实，含水量少，鲜艳度差，外观不佳，同时果实的体温也比较高，不便于存放，容易腐烂。

2）要按果实的成熟度分别采收。

3）果实要带一小段果柄采收。果实带一小段果柄，有利于保护果实，防止疤痕处染病后感染果实。但应注意的是，所带果柄不宜太长，以免装筐或装箱后，刺破其他果实。

4）果实采收动作要轻，果柄要用剪刀剪断，不要硬拉，避免拉裂果实以及拉伤茎秆等。

5）采收的果实要按大小分别存放，用于外运的果实要按规定的标准分级装箱。

七　番茄病虫害防治

1. 灰霉病

【症状】　番茄灰霉病是棚室冬春季节栽培番茄的重要病害之一。

主要为害花、幼果和叶片。病菌先从叶片边缘侵染，感染灰霉病的叶片呈典型"V"字形病斑（彩图18）。病菌从花期侵染，残留在柱头，继而向青果、果面、果柄扩展，致使感病青果呈灰白色，软腐，长出大量灰白色霉菌（彩图19）。

【发病原因】 灰霉病菌以菌核或菌丝体、分生孢子在病残体上越冬和越夏。病原菌属于弱寄生菌，从伤口、衰老的器官和花器侵入。番茄蘸花后未脱落的花瓣和柱头是容易感病的部位，导致果实感病软腐。花期是灰霉病侵染的高峰期。病菌借气流传播和农事操作传带进行再侵染。适宜发病气温为20~23℃，湿度在90%以上，低温、高湿、弱光有利于发病。大水漫灌又遇连阴天或阴霾天、雾天均是诱发灰霉病的重要因素。密度过大、放风不及时、氮肥过量会造成土壤呈碱性、影响钙元素吸收，导致番茄生产衰弱，有利于灰霉病的发生和扩展。

【防治方法】

1）农业措施。保护地棚室要高畦覆地膜栽培，地膜下渗浇小水。有条件的可以考虑采用滴灌，节水控湿。加强通风透光，尤其是阴天短时间放湿气，方法是：尽可能大地拉开棚膜风口，人不要走开，待棚里雾气排清，空气透明度提高后，迅速合上风口从而加快提温，有利于番茄生长。及时清理病残体，摘除病果、病叶和侧枝，集中烧毁或深埋。注意不要在阴雨天气进行整枝打杈。合理密植、高垄栽培、控制湿度是关键。氮、磷、钾均衡施用，育苗时注意消毒苗床土。

2）药剂防治。因为番茄灰霉病是花期侵染，番茄蘸花时的药剂预防作用就非常重要。其配药方法是：将配好的蘸花药液如番茄灵、果霉宁或2，4-D每1500~2000mL药液中加入10mL 2.5%适乐时悬浮剂或2~3g 50%和瑞水分散粒剂，或50%利霉康可湿性粉剂或农利灵等进行蘸花或涂抹，使花器均匀着药。可单一用保果宁2号、丰收2号保花药，每袋药加水1.5kg充分搅拌后直接喷花或浸花。果实膨大期要进行重点喷雾防治，可采用50%和瑞水分散粒剂1000倍液对幼果进行重点喷雾。单独进行灰霉病防治时可选用25%阿米西达悬浮剂1500倍液、75%达科宁可湿性粉剂600倍液、50%利霉康可湿性粉剂 1000 倍液、50% 和瑞水分散粒剂 1200 倍液喷施预防，或用 50% 凯泽水分散粒剂 1000 倍液、40% 施佳乐悬浮剂 1200 倍液、50% 多霉清可湿性粉剂 800 倍液、50% 扑海因可湿性粉剂 500 倍液等喷雾。

2. 早疫病

【症状】 早疫病主要侵染叶、茎和果实。典型症状是形成具有同心轮纹的不规则病斑。一般叶片受害严重，起初像针尖似的小黑点，不断扩展成轮纹状斑。边缘多具浅绿色或黄色晕环，轮纹表面稍有凹陷，感病部位生有刺状不平坦物，潮湿时病斑处长出霉状物（彩图 20）。茎秆感病多在分叉处，果实感病多在花萼附近，初期为椭圆形或不规则褐黑色凹陷病斑，后期感病部位较硬，也生有黑色霉层。

【发病原因】 病菌以菌丝和分生孢子在病残体和种子上越冬，可以从植物表皮、气孔直接侵入，借助气流和灌溉水进行传播。棚室温度在 21℃ 左右、相对湿度 70% 以上并持续 2 天以上时病害易流行。坐果期浇水多，通透性差，病害发生严重。早春番茄开花初期是感染早疫的高峰期，此时正值多雾、高湿、棚室温度不易控制的敏感阶段。秋延后种植的番茄结果初期正值秋爽，气温渐凉，遇大水漫灌或高湿环境易感染且发病重。

【防治方法】

1）选用抗病品种。如瑞菲、齐达利、保罗塔、新红琪、卡依罗、格雷、特宝、红琪、百灵、百利等较抗（耐）病品种。

2）农业措施。把握好移栽定植后的棚室温、湿度，注意通风，不能长时间闷棚。

3）药剂防治。预防可以选用 75% 达科宁可湿性粉剂 600 倍液、25% 阿米西达悬浮剂 1500 倍液、80% 大生可湿性粉剂 500 倍液、80% 山德生可湿性粉剂 500 倍液、32.5% 阿米妙收悬浮剂 1500 倍液、56% 阿米多彩悬浮剂 1200 倍液、70% 甲基硫菌灵可湿性粉剂 600 倍液或百泰可湿性粉剂 600 倍液。治疗药剂可用 10% 世高水分散粒剂 1500 倍液、阿米西达 1500 倍液、32.5% 阿米妙收悬浮剂 1200 倍液、50% 扑海因可湿性粉剂 1000 倍液，喷雾、喷淋或涂抹茎蔓病部，尤其是果柄部位,效果更好。

3. 晚疫病

【症状】 晚疫病是一种低温高湿流行性病害。早春和晚秋保护地容易大发生和流行,大发生时会造成严重减产或绝收。此病在番茄整个生育期中均有为害。侵染幼苗、叶、茎和果实。以叶和果实受害最重。一般从棚室前端开始发病,先侵染叶片和幼果,逐渐向茎秆、叶柄蔓延致使其变为黑褐色,重症植株的病叶枯干垂挂在叶柄上,植株易萎蔫、折断,感病果实坚硬,凹凸不平,初期呈油浸状暗绿色,后变成暗褐色至棕褐色,一般情况湿度大时叶正背面病健交界处及病果上均可以看到白色霉状物(彩图21、彩图22)。

【发病原因】 晚疫病菌主要在深冬季保护地栽培的番茄等茄果类蔬菜上越冬,也可以在马铃薯块茎上越冬,还可以在落入土中的病残体上越冬,借气流和雨水传播到番茄植株上,从气孔和表皮直接侵入。

保护地昼夜温差大、气温低于15℃、湿度高于85%时容易发病。连阴雨加上多雾天气、栽培上过度密植、氮肥过重、平畦栽培、大水漫灌等条件易使病害发生严重。

【防治方法】

1)选择抗病品种。如瑞菲、齐达利、保罗塔、新红琪、百灵、百利、莱福60等。

2)农业措施。清园、切断越冬菌源病残体组织、合理密植、高垄栽培和控制湿度是关键。地膜下渗浇小水或滴灌,以降低棚室湿度。清晨尽可能早地放风并放湿气,尽快进行湿度置换,以利于快速提高棚室气温。氮、磷、钾均衡施用,育苗时注意消毒苗床土。

3)药剂防治。预防是防治晚疫病的关键。在该病易发生的季节里最好在未发病时即喷药预防。药剂可选用70%达克宁可湿性粉剂600倍液、25%阿米西达悬浮剂1500倍液、25%瑞凡悬浮剂1200倍液、70%大生可湿性粉剂500倍液。发现中心病株后,应立即全面喷药,并及时把病枝、病叶、病果摘除并带出田间或棚外烧毁。

药剂救治可选用25%阿米西达悬浮剂1500倍液,控制流行速度。或用25%瑞凡悬浮剂1000倍液、68%金雷水分散粒剂600倍液、64%杀毒矾可湿性粉剂 600 倍液、70%克抗灵可湿性粉剂 600 倍液、69%安克·锰锌可湿性粉剂 600 倍液、72.2%普力克水剂 800 倍液、66.8%霉多克可湿性粉剂或 66.7%银法利水剂 800 倍液等喷雾。

4. 叶霉病

【症状】 叶霉病在引进的硬果型番茄品种中发生较重，主要侵染叶片。叶片受害先从下部叶片开始发病，逐步向上部叶片扩展。叶片正面先出现不规则浅黄色褪绿斑，叶背面病斑处初为白霉层，继而变成灰褐色或黑褐色绒状霉层。高温高湿条件下，叶片正面也可以长出黑霉，随着病情的发展叶片反拧卷曲，植株呈卷叶干枯状（彩图 23）。

【发生原因】 病菌以菌丝体在病残体内，或以分生孢子附着在种子上，或以菌丝潜伏在种子表皮内越冬，借助气流传播，叶面有水湿条件即可萌发，长出芽管经气孔侵入。气温 22℃、湿度大于90%利于叶霉病的发生。高温高湿是叶霉病发生的有利条件。温度在 30℃以上有抑制病菌的作用，可以考虑适当时机高温烤棚抑制病害流行。叶霉病在春季番茄种植后期棚室温度升高后遇湿度大时易发生，秋延后种植的番茄在前期秋夏气温略有下降时遇雨水或高湿环境，叶霉病易大发生流行。一些引进的硬果型品种在我国种植时对叶霉病的抗病性较弱，应引起注意。

【防治方法】

1）选用抗病品种。使用抗病品种是最经济有效的救治办法。中有许多抗叶霉病的品种，一般抗寒性强的品种在抗叶霉病方面相对较弱。可选用特宝、倍赢、美国大红、抗病佳粉、沈粉 3 号等。

2）农业措施。加强对温、湿度的控制，将温度控制在 28℃以下，湿度在 75%以下。适当通风，增强光照，适当密植，及时整枝打杈，对下部穗位的番茄果实已经开始转色的应及时去掉老叶，增加通风透气。配方施肥，尽量增施生物菌肥，以提高土壤通透性和根系吸肥活力。

3）药剂防治。可选用 10%世高水分散粒剂 1500 倍液、25%阿米西达 1500 倍液、50%利霉康可湿性粉剂 600 倍液、70%品润干悬浮剂 600 倍液、80%大生可湿性粉剂 600 倍液、32.5%阿妙收悬浮剂

1200 倍液、50% 扑海因可湿性粉剂 1000 倍液、80% 山德生可湿性粉剂 500 倍液、2% 加收米水剂 200 倍液或 40% 福星可湿性粉剂 4000～6000 倍液等喷雾。

5. 病毒病

近年来在保护地种植中病毒病的发生已经得到初步控制。这与设施栽培、生态防治有很大的关系，尤其是设施栽培中防虫网的设置，对预防病毒病的传毒媒介非常重要。但是在秋延后栽培中，夏季育苗防治传毒媒介仍然是防治病毒病的重中之重。

【症状】 病毒病的感病症状有：花叶、条斑、丛枝（黄顶）、藏叶、癌肿（巨芽）、卷叶等多种类型，生产中最常见的主要有花叶、丛枝（黄顶）型。花叶型病毒病的典型症状是叶片上出现黄绿相间或深浅斑驳、叶脉透明、叶子皱缩现象，植株略矮些，蕨叶型病毒症状是植株不同程度地出现矮化现象。叶片由上而下出现部分或全部的线状，底部叶片呈向上卷叶状。条斑型病毒病症状是在叶、茎、果实上发生不同形状的条斑、斑点、云纹皱缩褐色坏死斑。有些感病植株的症状是复合发生的，一株多症的现象很普遍（彩图 24、彩图 25）。

【防治方法】

1）农业措施。菜田彻底清除田间杂草和周围越冬存活的蔬菜老根，尽量远离十字花科制种田。增施有机肥、培育大龄苗和粗壮苗、加强中耕、及时灭蚜、增强植株本身的抗病毒能力是关键。秋延后种植除了要适当晚播避开蚜虫迁飞时节外，最好在育苗时加护防虫网。越夏栽培的棚室采用两网一膜（防虫网、遮阳网、棚膜）来降低棚温，减少蚜虫、白粉虱、蓟马的为害，加防虫网是最有效的阻断传毒媒介的措施。番茄越夏栽培正值夏季高温多雨季节，温室排湿降温的效果直接影响到产量的高低。越夏棚室增加防虫网，要充分考虑防虫网的密度带来的散温困难，加网时一定要加宽防虫网的高度，温室前屋面放风口加大。即在日光温室天窗之处用 90cm 宽的网纱密封，温室前屋面距地面用 1～2m 宽的网纱封闭。越夏期间的塑料棚膜不撤，为防止暴晒和高温，在棚膜上面覆盖遮光率 70% 的遮阳网。塑料大棚棚顶薄膜不撤，且覆盖遮阳网，两侧用 2m 宽的网纱封闭。这种措施既能降温降湿，又能有效阻止昆虫进入，大大降低用药量，符合无公害蔬菜生产的要求。利用蚜虫的驱避性，可采用银灰膜避蚜、黄条板涂抹机油诱蚜。

2）药剂防治。

① 灌根。用强内吸剂 25% 阿克泰水分散粒剂一次性防治持效期可长达 30 天。方法是在移栽前 2～3 天，用阿克泰 1500～2500 倍液（或 1 喷雾器水加 6～8g 药）喷淋幼苗，使药液除喷淋叶片以外还要渗透到土壤中。平均每平方米苗床喷药液 2kg 左右，或 2g 药对 1 桶水喷淋 100 株幼苗，有很好的治虫预防病毒的作用。

② 喷施。可选用 25% 阿克泰水分散粒剂 2500～4000 倍液、10% 吡虫琳可湿性粉剂 1000 倍液或 2.5% 绿色功夫水剂 1500 倍液灭蚜。苗期可选用 20% 病毒 A 可湿性粉剂 500 倍液或 1.5% 植病灵乳油 1000 倍液等进行喷施，对病毒病有一定的抑制作用。

6. 粉虱类

【症状】　成虫或若虫群集嫩叶背面刺吸汁液，使叶片褪绿变黄，由于刺吸汁液造成汁液外溢又诱发落在叶面上的杂菌形成霉斑，严重时霉层覆盖整个叶面及茎蔓上。霉污即是因白粉虱刺吸汁液诱发叶片霉层产生的病症（彩图 26）。

【防治方法】

1）设置防虫网阻止白粉虱飞入棚室为害。

2）药剂防治。

① 穴灌施药（灌窝、灌根）。用强内吸杀虫剂 25% 阿克泰水分散粒剂，在移栽前 2～3 天，以 1500～2500 倍液喷淋幼苗，使药液除喷淋叶片以外还要渗透到土壤中。

② 喷雾施药。可选用 25% 阿克泰水分散粒剂 2000～5000 倍液喷施或淋灌，每 15 天 1 次，或 40% 扑虱灵可湿性粉剂 800～1000 倍液与 70% 天王星乳油 4000 倍液混用，也可用 10% 吡虫啉可湿性粉剂 1000 倍液。

第五节　棚室茄子双秆嫁接栽培技术

棚室茄子双秆嫁接栽培技术采取密植、少留枝的技术措施，不

仅解决了种植密度小、早期产量低的问题，而且单株留果数量少，养分供应集中，果实发育好。该栽培模式的植株生长势强，不易早衰，栽培期延长，总产量也得到提高。

一 品种选择

要求选择耐低温能力强、抗病能力强、果实商品性状优良、符合当地消费者消费习惯的品种（表4-7）。

表4-7 日光温室和塑料大棚茄子栽培的品种选择

栽培类型	品种选择原则	适宜品种
春茬栽培	早熟，果实发育快，植株开张度小，耐寒、抗病性强，丰产	西安绿皮（绿色）、黑油亮、糙青茄（绿色）、北京五叶茄、北京六叶茄、鲁茄1号、龙茄1号、辽茄1号（绿色）、辽茄5号（绿色）、辽茄4号等
秋冬茬栽培	抗病、耐热、耐低温、果实膨大速度快、早熟、丰产等	糙青茄（绿色）、黑油亮、紫长茄、辽茄1号（绿色）、辽茄5号（绿色）等
冬茬栽培	同秋冬茬栽培	同秋冬茬栽培
冬春茬栽培	同春茬栽培	同春茬栽培

二 嫁接育苗

1. 确定育苗期

秋冬茬栽培，播种期在7月上旬~7月下旬，收获期在10月中旬~第二年1月中旬。冬茬栽培播种期在8月中下旬，收获期在12月中旬~第二年2月。冬春茬播种期在9月下旬~10月中旬，收获期在1~6月。

2. 床土准备

参见本章第四节番茄栽培技术。

3. 播种与育苗

(1) 晒种　播前在室外晒种6~8h以提高发芽率和发芽势（图4-36）。

(2) 种子消毒与浸种催芽

1）栽培品种的种子消毒与浸种。方法有三种（图4-37）。

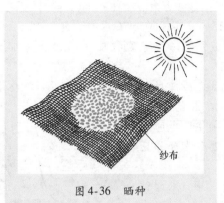

纱布

图4-36 晒种

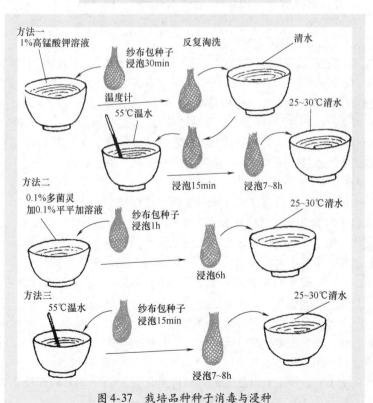

方法一
1%高锰酸钾溶液　　　　　反复淘洗　　　　　　清水

纱布包种子
浸泡30min

温度计

55℃温水

25~30℃清水

浸泡15min　　　浸泡7~8h

方法二
0.1%多菌灵
加0.1%平平加溶液　　　　　　　　　　　25~30℃清水

纱布包种子
浸泡1h

浸泡6h

方法三
55℃温水　　　　　　　　　　　　　25~30℃清水

纱布包种子
浸泡15min

浸泡7~8h

图4-37 栽培品种种子消毒与浸种

① 用1%的高锰酸钾溶液浸种30min，捞出经反复淘洗后再放入55℃水中浸泡15min，而后在30℃水中浸泡7～8h。

② 用有效成分0.1%的多菌灵加0.1%的平平加浸种1h后，再用清水浸种6h。

③ 用55℃温水浸种15min，然后放入30℃水中浸泡7～8h。

2）嫁接砧木的浸种（图4-38）。目前生产上应用的嫁接砧木主要有赤茄和托鲁巴姆两种。

图4-38　茄子嫁接砧木的浸种

赤茄用25～30℃水浸种24h，托鲁巴姆用25～30℃水浸种5～7天。

3）催芽。先用细砂搓去种皮上的黏液。将种子包在湿布里，放在25～30℃处。每天采用16～18h的25～30℃，6～8h的16～20℃的变温催芽最好。催芽期间，每天翻动种子1～2次，见干时适当喷水。5～6天后芽长至0.2～0.3cm时便可播种。若遇天气不好不能及时播种时，应适当降温抑制芽的伸长。

（3）播种　砧木品种应比接穗品种提前播种。赤茄比接穗品种提前7天播种，托鲁巴姆比接穗品种提前25（催芽后播种）或35天（浸种后播种）播种。

播种时，在苗盘中铺10cm厚床土，并整平，浇透水。将15kg营养土内加70%五氯硝基苯和80%代森锌（或80%福美双）各5g，与药土的2/3混合拌匀，在苗床浇足底水后撒在1m²的苗床上，然后播种，播种后再将剩余的1/3药土盖在上面，可防治猝倒病的发生。但采用药土时要特别注意称准药量并拌均匀，避免出现药害，一旦出现药害应及时浇水缓解。

水渗下后，将催芽种子撒播在苗床上。播种密度为：幼苗破心时移植，每平方米播种量35～40g（8000～10000粒种子）；2～3片真叶期移植，每平方米播种量15～20g（3000～5000粒种子）。覆土厚度为1cm，并在上面覆盖地膜。将苗盘放在28～30℃的环境条件下，地温保持在20℃以上（图4-39）。

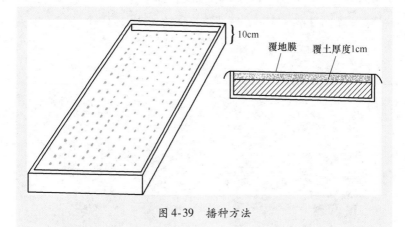

{10cm

覆地膜　覆土厚度1cm

图4-39　播种方法

（4）苗期管理（表4-8）

表4-8　茄子苗期管理

环境	管理指标及方法
温度	播种后出苗前应保持苗床有较高的温度，促使其及时出苗。白天温度保持在28~30℃，夜间在20℃以上。出苗后分苗前保持25℃，夜间温度下降到12℃左右，使昼夜温度保持10℃以上的大温差。分苗后至缓苗前28~30℃，缓苗后温度25℃，定植前进行炼苗时20℃，最低气温10℃。适宜地温20℃，最低地温13℃
光照	幼苗出土后，保持充足的光照
水分	整个育苗期要掌握每次浇水要灌透水，尽量减少灌水次数，避免降低地温；蹲苗采取控温不控水的方法，以免影响花芽分化的质量
养分	茄子苗龄多在80~100天，因此，苗期容易出现脱肥现象。可采用叶苗喷洒0.3%磷酸二铵或尿素的办法进行根外追肥

三　嫁接

1. 嫁接的适宜苗龄　砧木苗5~6片真叶，接穗苗4~5片真叶。

2. 嫁接方法　茄子的嫁接方法有劈接法、斜切接法、靠接法和插接法。目前生产上劈接法和斜切接法应用较多。

（1）劈接法　砧木保留2片真叶，用刀片横切去掉上部，并于

茎中间向下切 1.0~1.5cm 深的切口；接穗保留 2~3 片真叶，用刀片切掉下部，并削成楔形，随即将接穗插入砧木的切口中，将茎一端对齐后用嫁接夹固定住（图 4-40）。

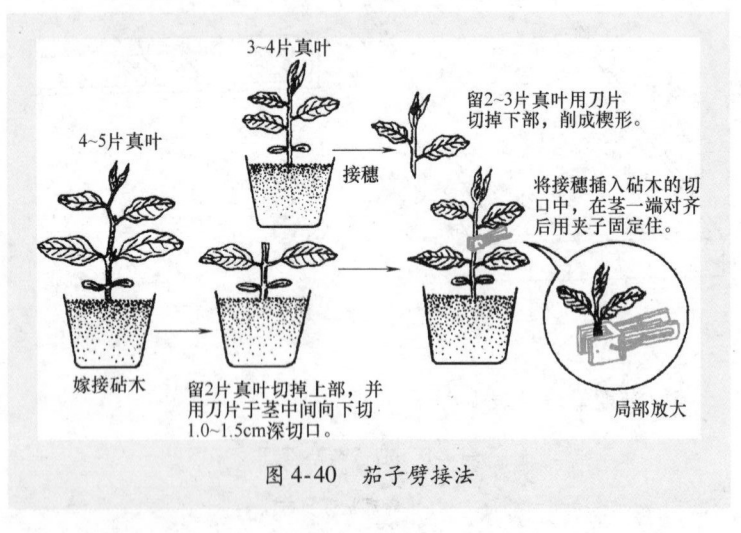

3~4片真叶

留2~3片真叶用刀片
切掉下部，削成楔形。

4~5片真叶

接穗

将接穗插入砧木的切
口中，在茎一端对齐
后用夹子固定住。

嫁接砧木

留2片真叶切掉上部，并
用刀片于茎中间向下切
1.0~1.5cm深切口。

局部放大

图 4-40　茄子劈接法

（2）斜切接法　砧木保留 2 片真叶，用刀片在第 2 片真叶上方的节间斜削成 300°斜面角的斜面，其长度为 1.0~1.5cm。接穗留 2~3 片真叶，用刀片削成与砧木相反的斜面，去掉下端，斜面大小与砧木一致。将砧木和接穗两斜面贴合在一起，用夹子固定上（图 4-41）。

（3）靠接法　当砧木与接穗长到 3~4 片真叶时进行嫁接。选择 2 株粗细相近的幼苗，砧木去掉生长点，在子叶下 1cm 向下斜切，深度为茎粗的 1/2，接穗在子叶下 1cm 处向上斜切，把接穗和砧木接口相互插上，用嫁接夹固定。没有夹子也可以用窄塑料薄膜条包住接口，用曲别针固定塑料薄膜条。

嫁接时动作要敏捷，轻拿轻放，先将砧木和接穗起出，嫁接后栽入营养钵或塑料筒内。砧木与接穗的根系要分开些，以利断根。嫁接后 10 天左右将接穗的根切断，发现砧木长出叶子要及时摘掉。靠接法容易成活，易于学习和掌握。其缺点是嫁接时比较费工，工作效率较低。

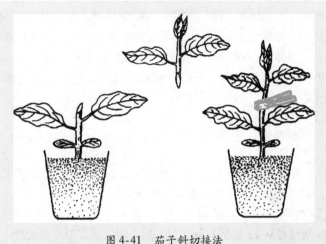

图 4-41　茄子斜切接法

（4）**插接法**　要在砧木长到 2~3 片真叶，接穗长到 1~2 片真叶时进行。砧木和接穗连根挖起，尽量多带些土，根系不要长时间放置造成失水干燥。砧木留 1 片真叶，其余的切除，用事先准备好的竹签在砧木上扎一个小孔，深度约 3mm。竹签的粗度比砧木的茎稍微细些。然后沿接穗子叶下部轻轻削去下半部分，以形成 2.5mm长楔状切口。将接穗切口朝下插入砧木的小孔中，用夹子固定，栽入苗床或营养钵（袋）中。

　　3. 茄子嫁接苗管理要点

　　茄子保温嫁接后伤口愈合适温为 25℃左右。

（1）**苗床温度**　在 3~5 天内，白天应控制温度在 24~26℃，最好不超过 28℃；夜间保持在 20~22℃，不要低于 16℃。可以在温室内架设小拱棚保温，高温季节要采取降温措施，如利用搭棚、通风等办法降温。3~5 天以后，开始放风，逐渐降低温度。

（2）**保温保湿**　是嫁接成败的关键。要求在 3~5 天内，小拱棚内的相对湿度控制在 90%~95%，4~5 天后通风降温、降湿，但也要保持相对湿度在 85%~90% 之间。

（3）**遮光**　可用纸被、草帘等覆在小拱棚上，阴天不用遮光。嫁接后的 3 ~ 4 天内，要全部遮光，第 4 天开始早晚给光，中午遮光，以后逐渐撤掉覆盖物。温度低时，可以适当早见光，提高温度，促进伤口愈合，温度高的中午要遮光。经过 10 ~ 15天，接口全部愈合好，撤掉固定夹子，恢复日常管理。嫁接苗砧木经常长出侧芽，应在晴天的上午及时抹掉，以免土表病菌通过伤口侵染。

四 定植

1. 整地施肥

（1）整地施肥 首先按每 27500kg/亩撒施腐熟优质有机肥，然后将土壤深翻整平，一般深翻 30 ~ 40cm。

（2）棚室消毒 定植前 7 ~ 10 天按每立方米空间用硫黄粉 4g，加 80% 敌敌畏 0.1g 和锯末 8g，混匀后点燃，密闭温室或大棚一昼夜进行熏蒸，然后打开风口放大风。

2. 定植 定植时应选择晴天，并按 55cm 行距开 5 ~ 6cm 深的定植沟，然后按 38 ~ 40cm 株距摆苗、埋土和浇水。也可以按小行距50cm，大行距 60cm 开 5 ~ 6cm 深的定植沟。两种方法每亩定植株数均为 2500 ~ 2700 株。定植第二天水渗下后培成 10cm 高的垄台，再按每两垄覆一幅地膜，覆盖时将地膜在幼苗定植处开口引出幼苗。大小垄定植的，可在 50cm 小行距每两垄覆地膜（图 4-42）。

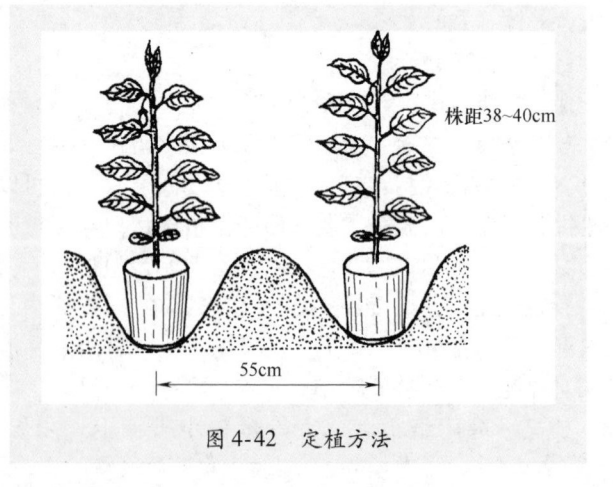

图 4-42 定植方法

株距38~40cm

55cm

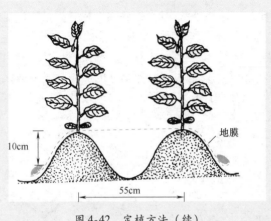

图4-42 定植方法（续）

地膜

10cm

55cm

五 田间管理

1. 环境管理（表4-9）

表4-9 冬春茬及春茬茄子栽培管理方法

环境	管理方法
温度	① 定植后加强保温，促进缓苗。白天温度保持在 25～30℃，夜间 15～20℃，此期尽量不放风 ② 待 3 月后，随着天气逐渐转暖，可逐渐加大放风量。当外界最低温度超过 15℃时，可进行昼夜放风
光照	可通过清扫塑料覆盖物或温室后墙张挂反光幕的方法，增加棚室内的透光率
水分	① 定植时浇足定植水，3～4 天后再浇一次缓苗水 ② 缓苗水后直至门茄瞪眼（即根茄长到 3～4cm 长）才可以进行灌水。此时天气尚冷，不可采用大水漫灌，只能采用膜下灌水 ③ 待 3 月中旬棚室内达到 18℃以上，明暗沟均可灌水，但要注意放风排湿 ④ 进入 4 月后，一般 1 周灌水 1 次
养分	门茄瞪眼时开始追肥，以后每隔 20 天左右追 1 次，每次每亩追尿素 10～15kg 或磷酸二铵 10kg，但磷酸二铵追肥总次数不应超过 4 次

2. 整枝打叶

（1）打叶 当门茄瞪眼时，将基部 3 片叶打掉。以后随着植株不断生长，逐渐打掉底层叶片，以利于群体内部通风透光。

（2）整枝 茄子枝条的生长和开花结果习性一般很有规律，露地栽培多不行整枝，只是去除门茄以下的侧枝。温室或大棚栽培应进行整枝，以避免四门斗茄子形成后出现枝叶茂盛、通风不良的现象。整枝方式较多，但以下列两种方式较好。

1）双秆整枝法：即对茄形成后，剪去两个向外的侧枝，只留两个向上的双秆，打掉其他所有侧枝，待结到 7 个果实后摘心，以促进果实早熟。

2）改良双秆整枝：即四面斗茄形成后，将外侧两个侧枝果实上部留 1 片叶后打掉生长点，只留 2 个向上的枝，此后将所有外侧枝打掉，只留 2 个枝（图 4-43）。

3. 防止落花落果

茄子在低温或高温条件下均

会出现落花或果实不发育现象。因此，生产上常需采用坐果激素蘸花。目前常用的坐果激素有沈农番茄丰产剂 2 号，每瓶兑水 350 ~ 500g，在茄子开花时用小喷雾器喷花或蘸花（图 4-44）。或用 40 ~ 50mg/kg 的防落素，处理方法与沈农番茄丰产剂 2 号相同。

图 4-43　茄子改良双秆整枝法

六　收获

1. 采收对产量和品质的影响

茄子为嫩果采收，采收时间不仅影响品质，也影响产量。特别是门茄，如果不及时采收，就会影响对茄发育和植株生长。

2. 采收的适宜时期

茄子萼片与果实相连处的白色或淡绿色的环状带非常明显，则表明果实正在迅速生长，不宜采收，如果这条环状带已趋于不明显或正在消失，则表明果实已停止生长，应及时采收。通常，早熟茄子

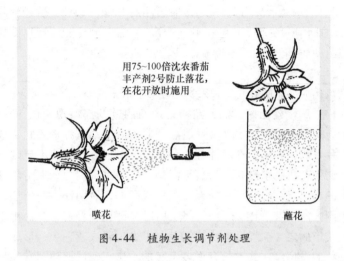

用75~100倍沈农番茄
丰产剂2号防止落花，
在花开放时施用

喷花　　　　　　　　　　　　　　蘸花

图4-44　植物生长调节剂处理

品种开花 20～25 天后就可以采收。

七　茄子病虫害防治

1. 猝倒病

该病主要发生在茄苗出土前后的一段时间内。

【症状】　幼苗感病后，病苗茎基部出现水浸状病斑，很快病部变黄萎缩，地上部分倒地枯死。连阴骤晴日，幼苗往往成片死亡，出现所谓的"倒苗"现象（彩图27）。在高湿条件下，病部及附近的地面上产生白色的绵絮状物。

【发病原因】　病菌主要以卵孢子在土壤表层越冬，通过雨水、浇水和病土传播，带菌肥料也可以传病，条件适宜时产生孢子囊释放出游动孢子侵染幼苗。低温高湿条件下容易发病，土温 10～13℃，气温 15～16℃时病害易发生流行。播种、移栽或苗期浇大水又遇连阴天的低温环境下发病重。

【防治方法】

1）农业措施。清园，切断越冬菌源病残体组织，穴盘育苗尽量采用未使用过的硅石，或灭菌消毒的营养土，或用大田土和腐熟的有机肥配制的育苗营养土。严格限制化肥用量，避免烧苗，或采用配制好的营养块育苗。合理分苗、密植、控制湿度浇水是关键。

2）药剂防治。用2.5%适乐时悬浮剂10mL+35%金普隆悬浮剂2mL，加水150~200mL包衣4kg种子，可有效地预防苗期猝倒病和其他苗期病害。

2. 褐纹病

该病对茄子的叶、茎和果实均能够造成危害。

【症状】 幼苗期发病，在接近地面的茎基部出现变色、凹陷、腐烂，病部有轮纹，上生大量黑点，发病后期幼苗猝倒死亡。成株期叶片发病，先从下部叶片开始，叶面上出现近圆形或不规则形病斑，初为苍白色水浸状，后边缘深褐色，中央灰白色，上生轮纹状排列的小黑点，病斑容易破裂或脱落成孔洞，后期许多病斑连片成不规则大病斑（彩图28）。茎部发病以基部比较普遍，开始出现水浸状梭形病斑，扩展后边缘暗褐色，中央凹陷成灰白色，形成一个干腐状的溃疡斑，其上长有许多隆起的小黑点，后期病部常发生纵裂，并因皮层脱落而使木质部裸露。当病斑绕茎一周后病株枯死。果实发病，初生黄褐色或浅褐色病斑，病斑圆形或椭圆形，稍凹陷，渐变为暗褐色；病斑在扩展过程中留下明显的同心轮纹，后期在轮纹上产生黑色的小点。发病严重时，病斑连片，引起果实腐烂，里边的种子灰白色皱缩，腐烂果实或落地或失水干缩成僵果挂在枝条上（彩图29）。

【发病原因】 病菌在7~40℃的温度范围内均可发育，分生孢子萌发适温为28~30℃，要求80%以上的相对湿度，因此，棚室栽培的茄子，在空气湿度大，通风不良时发病较重。茄子重茬也容易发病。

【防治方法】

1）选用抗病品种。一般长茄类品种较圆茄类品种抗病，白茄和绿茄类品种较紫茄类品种抗病。

2）种子消毒处理。播种前用55~60℃的热水浸种10~15min，或用苯来特、福美双混合拌种。

3）农业措施。适当稀植、实施地膜覆盖措施、地膜下浇水、加强通风排湿等。

4）药剂防治。发病前用百菌清、代森锰锌等烟剂防病，每7~

10 天 1 次。发病初期，交替用百菌清、杀毒矾、代森锰锌、甲霜灵锰锌、乙膦铝锰锌等杀菌剂喷洒防治，每 4～5 天 1 次，直到控制发病为止。

3. 黄萎病

【症状】 发病初期，下部半边的叶片叶脉及叶缘发黄，逐渐变成黄褐色，到后期叶片全部变黄、脱落。该病由下向上发展，从半边向全株发展，最后全株枯死。用刀片切开病株的茎和根部，可见其内的维管系统变成褐色或黑色，用手挤压切口附近，可见到有灰白色的黏液流出（彩图 30）。

【发病原因】 黄萎病是由真菌侵染造成的。病菌休眠菌丝体、厚垣孢子、拟菌核随病残体在土壤中越冬，一般能存活 6～8 年。病菌主要从根部伤口侵入，也能从幼根的表皮及根毛直接侵入，在植株的维管束内繁殖，扩至茎、枝、叶及果实。因此，带菌土壤是病菌的主要来源。病菌也能以菌丝体和分生孢子在种子内越冬，并可以随种子进行远距离传播，成为无病区的病源。此外，施用带有病残体的堆肥也能传病。病菌在田间主要靠风、雨、灌溉水、农具及农事操作等传播。气候条件对病害的发生影响较大。气温在 20～25℃，土温在 22～26℃，土壤潮湿时发病重，气温超过 38℃ 时病害受到抑制。

【防治方法】

1）种子消毒。播种前用多菌灵浸种 30min，或用 55～60℃ 的热水浸种 15min 左右。

2）苗床消毒。配制育苗土时，在育苗土中混拌入棉隆，闷堆一周后摊开散发掉多余的农药，一周后再进行播种。也可以将育苗土中混入多菌灵对育苗土进行消毒。

3）嫁接换根。用野生茄子作砧木来嫁接栽培茄子，使栽培茄子不直接接触药剂。防治发病初期，用多菌灵浇灌病株的根部，也可以叶面喷洒克萎灵进行防治。

4. 蓟马

【症状】 该虫以成虫和若虫群聚在叶背、果实基部的花托内等吸食汁液。受害的叶片背面沿叶脉出现灰绿色的凹陷长条斑，受害

的果面出现擦伤样的浅褐色粗糙斑，外观变差，危害严重时果实变畸形（彩图31）。

【防治方法】 叶片上的蓟马通过喷药能够进行灭杀，而藏于花托内的蓟马则较难喷药灭杀。温室防治茄蓟马多采用烟雾熏杀法。具体做法是：下午温室放下草苫后，密闭温室，用敌敌畏烟剂熏杀一夜。药剂喷杀可选用万灵、一遍净、菊马乳油等杀虫剂。

5. 茶黄螨

【症状】 受害叶片的背面变为灰褐色或黄褐色，具油质光泽或油浸状，叶片边缘向下卷曲。受害的嫩茎、嫩枝变为黄褐色，扭曲畸形，严重时顶部干枯。花蕾和花受害后不能正常地开花、坐果。果实受害后，受害部位表面变黄褐色，失去光泽并木栓化，严重时受害部位表面发生龟裂，形如开花馒头状（彩图32）。果实味变苦涩，不能食用。

【防治方法】 虫害发生初期，可选用克靖特乳油、灭螨猛可湿性粉剂、蜡虫乳油等在叶面喷洒防治，每3天1次，连喷3次。温室内最好用敌敌畏烟剂熏杀，具体做法同蓟马。

第六节 棚室辣椒冬春茬嫁接栽培技术

辣椒，茄科辣椒属植物，别名番椒、海椒、秦椒、辣茄。原产于南美的热带草原，明朝末年传入我国，至今已有300余年的栽培历史。辣椒在我国普遍栽培，南方以辣椒为主，北方以甜椒为主。

一 品种选择

适应温室或大棚栽培的辣椒品种应具备耐低温、耐弱光、抗病、早熟、高产、植株紧凑、适合密植等特点。目前温室或大棚栽培常用的品种如下：

1）圆椒类型有中椒2号、中椒3号甜椒、中椒5号甜椒、中椒7号甜椒、辽椒3号、辽椒4号、沈椒2号、洛椒3号、早丰1号、津椒3号、牟椒1号、苏椒5号、甜杂1号、茄门椒等。

2）尖椒类型有湘研1号、湘研3号、保加利亚尖椒、羊角椒、沈椒3号等。

二 嫁接育苗

1. 确定育苗期

温室冬春茬辣椒的主要上市时间应安排在 12 月中下旬～第二年 5 月。一般来讲，温室辣椒冬春茬栽培，从播种到开始收获一般需要 120 天左右，照此推算，适宜的播种育苗时间应安排在 8 月上中旬。

2. 配制育苗土

辣椒苗期生长缓慢，育苗期比较长，并且易受病害，要求用育苗土来育苗。适宜的育苗土配方为：肥沃的生茬田土 6 份，充分腐熟的马粪或秸秆、杂草等堆制粪 3.5 份，充分腐熟并捣碎过筛的干饼肥或干鸡粪细粉 0.5 份。辣椒夏季育苗容易发生旺长，要求少施氮肥，多施磷钾肥，可按每立方米育苗土拌入 1kg 复合肥或磷酸二铵的用量混拌。另外，每立方米育苗土中还应加入 200g 左右的多菌灵、百菌清或甲基硫菌灵等杀菌剂及 200g 左右的敌百虫或 100g 左右的神农丹等杀虫剂。将土、肥与农药等充分混拌均匀，然后堆积起来用塑料薄膜捂盖严实，闷堆 1 周以上，使农药在土堆里充分扩散，杀菌灭虫。

3. 准备育苗床

冬春茬温室辣椒育苗期间雨水多、温度高，容易发生病害，要用高畦防涝育苗。另外，辣椒苗期对强光和高温反应也比较敏感，在长时间的强光和高温条件下容易发生卷叶，也容易发生病毒病害。因此，最好安排在育苗床上支拱搭架，以便在播种后进行遮阴、防雨等。辣椒的根系比较弱小，受伤后的再生能力也比较弱，同时由于辣椒缓苗阶段里的温度尚比较高，定植后辣椒苗容易发生萎蔫等原因，要求用育苗钵培育辣椒苗。

4. 种子处理与播种

（1）浸种 辣椒浸种常与种子消毒结合起来进行。具体方法如下：

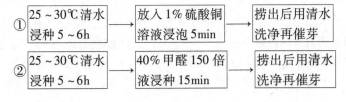

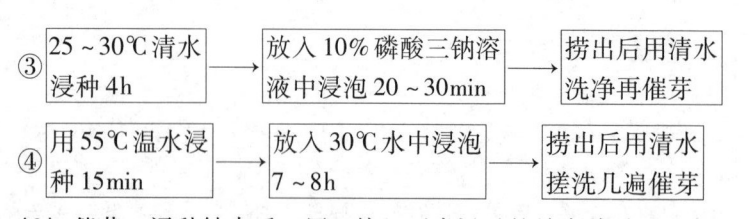

（2）催芽 浸种结束后，用一块经开水烫过的纱布将种子包好，用力甩几下，将种皮上多余的水甩掉，放于25~30℃的温度条件里，促使种子发芽。种子出芽前每天在清温水中搓洗种包两次，搓洗掉种包内的黏液，直到不再洗出浑水为止。搓洗后甩去种包内多余的水，继续催芽。条件适宜时，一般催芽4~5天后，当大部分种子"露白"时，结束催芽。

（3）播种 辣椒种子发芽出土对床土和水分的要求严格。一般床土通气不良、水分过多或过少均会影响出苗。通常，播种前浇足底水，播种后覆盖5mm厚床土，并盖上地膜，待出苗时揭开地膜，再覆盖约5mm厚床土。这样既可以防止幼苗"戴帽"出土，又有利于辣椒发根。

每亩用种量120~150g，需育苗面积4~5m²；每平方米播种30~40g；浇透床土后撒播。

5. 播种后嫁接前苗床管理

（1）温度管理 辣椒性较喜光，怕强光直射，喜温但怕高温。温度过高，生长缓慢，容易形成老化苗，特别是当地温过高时，容易烫伤根系，诱发病毒病。播种后出苗前应保持苗床较高的温度，促进及时出苗。此期苗床白天温度保持在25~30℃，夜间温度保持在20℃以上。

【提示】 用托鲁巴姆作砧木时，其苗床的温度要比其他砧木适当提高2~3℃。

砧木出苗后降低温度，延缓苗茎的生长速度，使苗茎变得粗壮，此期苗床白天温度应保持在25~28℃，夜间温度下降到12℃左右，使昼夜温度保持10℃以上的大温差。

砧木苗分栽于育苗钵或分苗床内后，要适当提高温度，促苗生根，尽快恢复生长。通常栽苗后的一周内，白天温度要保持在 28℃ 以上，夜间温度应不低于 20℃。砧木苗恢复生长后把夜温降低到 15℃ 左右。用托鲁巴姆作砧木时，由于该砧木生长比较缓慢，对温度要求比较高，要将苗床的昼夜温度分别提高 2～3℃。

（2）湿度管理 辣椒性较喜湿，应保证水分供应。一般从播种到分苗前，低温期浇水 1～2 次。分苗后至嫁接前要适当控制浇水量，促进根系生长，增强辣椒苗的耐旱能力。整个育苗期要勤通风，特别是苗床浇水后的几天里要加大通风量。

辣椒苗发根缓慢，根系浅小，吸水力弱，也不耐涝，对土壤湿度的要求比较严格，适宜的苗床湿度为半干半湿。夏秋季育苗温度比较高，土壤失水快，要勤浇水、浇小水，不要大水漫灌苗床。播种床浇水要用细眼喷壶喷水，用粗眼喷壶喷水的话，喷水后溅起的泥水容易污染苗叶。另外，分苗前苗床密度大，通风性差，湿度容易偏高，而此阶段也正值辣椒苗期猝倒病、立枯病的发病高峰期，要求浇水后待苗茎叶上无水时，用细筛将床面均匀撒盖一层育苗土压湿育苗钵育苗阶段需水量增大，同时由于育苗钵土不与土壤连接，容易发生干旱，要求勤浇水、浇透水。适宜的浇水量以浇水后育苗钵底有水流出为度。

高温期浇水应安排在 10：00 前和 16：00 后进行，中午前后的温度比较高，浇水后幼苗的温度下降幅度过大，容易伤害苗茎和根系，严禁浇水。9 月下旬后，气温明显下降，应在上午浇水，傍晚不宜浇水。

（3）光照管理 由于冬春茬温室辣椒的育苗前半期是在高温强光照的时节，自然温度比较高，光照也比较强，因此需要遮光降温育苗。育苗床遮阴可以用遮阳网，也可以在温室大棚内利用原来的旧棚膜遮阴。

低温期育苗光照不足时，要采取人工补光措施，使每天的光照时数保持在 12h 以上。应保持苗床充足的光照，光照不足时苗茎细长、细软，不方便嫁接。

（4）间苗和分苗 播种密度大，出苗后容易出现辣椒苗拥挤现象，不仅使苗茎弯曲影响嫁接，而且辣椒苗间相互遮光，也容易导致苗茎生长过快，形成茎细叶小的高脚弱苗。因此，出苗后应及时间苗，使辣椒苗间保持一定大小的间距。

间苗一般于齐苗后开始。间苗时将紧靠在一起的双株苗、多株苗间的小苗、黄叶苗、畸形苗及出土晚的苗等删去，使苗间距保持在2cm左右。育苗量不足时，可以把间出的苗另修一苗床培养。

真叶长出后进行分苗。分苗的适宜时期是辣椒苗长出 1~2 片真叶时。低温期分苗要选在晴天进行。分苗的前一天，根据苗床的湿度情况适当浇水，使床土保持湿润，以便于分苗封带土起苗，减少伤根。起苗时，苗根要尽量多带土。砧木苗栽入育苗钵内，每钵栽一株苗，栽苗深与原植株土印平或稍高一些，栽后浇透水。为便于苗床管理以及保持砧木苗的大小整齐一致，栽苗时，应把大小相近的苗栽到一起，并集中到同一苗床中培养。

三 嫁接

1. 砧木选择

1）适合尖椒类品种嫁接用砧木主要有"PFR-K64""PFR-S64""LS279"等品种。

2）适合甜椒类品种嫁接用砧木主要为"土佐绿B"砧木。

3）一些茄子嫁接用其他砧木，如托鲁巴姆、耐病 VF 等。

2. 嫁接方法

辣椒嫁接方法比较多，主要有劈接法、靠接法、插接法、贴接法、套管接法等。

（1）劈接法 也叫切接法。该法是先将砧木苗去掉心叶和生长点，而后用刀片由苗茎的顶端把苗茎劈一切口，把削好的苗穗插入并固定牢后形成嫁接苗。根据砧木苗茎的劈口宽度不同，劈接法又分为半劈接和全劈接两种形式（图 4-45）。

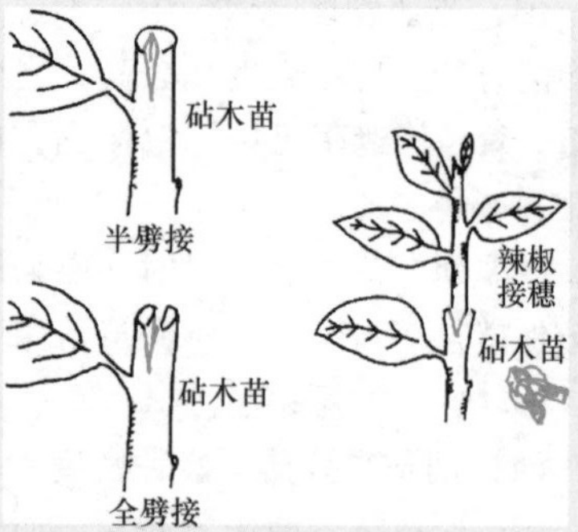

全劈接法是将整个砧木苗茎断面由中央劈开，切口

图 4-45 辣椒劈接法

面比较大，适合于苗茎粗细与砧木苗相当的辣椒苗嫁接。根据切口的位置不同，全劈接法又分为中央劈接和侧劈接两种形式。中央劈接是在砧木苗茎的断面中部劈接口，劈口面积大，适用于苗茎较粗的辣椒苗嫁接。侧劈接是在砧木苗茎断面的一侧劈接口，接口面积小一些，适用于苗茎细一些的辣椒苗嫁接。半劈接法劈接口时，只切开砧木苗茎断面横径的1/2左右，切口比较小，适用于苗茎较细的辣椒苗嫁接。

劈接法属于顶端嫁接法，苗穗离地面较高，接合部位处也不留下多余的断茎，不容易遭受土壤污染，嫁接苗的防病效果比较好；技术简单、易学，容易进行嫁接操作，嫁接质量也容易掌握；操作复杂、工效较低，一般日人均嫁接苗只有500~800株；嫁接苗成活期间对苗床的环境要求较为严格，嫁接苗的成活率受管理水平的影响很大，不容易掌握；劈接苗的接口处容易发生劈裂，常常会因操作不当或风吹等原因而使嫁接苗从接口处发生劈裂。

（2）**靠接法** 是将辣椒苗与砧木的苗茎靠在一起，两株苗通过苗茎上的切口互相咬合而形成一株嫁接苗的嫁接法。

根据嫁接时辣椒苗和砧木苗离地（从地里拔出）与否，将靠接法分为砧木离地靠接、砧木不离地靠接、辣椒苗和砧木苗原地靠接三种形式；根据辣椒苗与砧木苗的接合位置不同，将靠接法又分为顶端靠接（在砧木的顶端切口靠接）和上部靠接（在砧木的上部切口靠接）两种靠接形式。

靠接法属于带根嫁接法，嫁接苗不容易失水萎蔫，嫁接苗容易成活，成活率比较高，一般成活率在80%以上；靠接苗带有自根，在嫁接苗成活期间，辣椒苗能够自己从土壤中吸收水分，不容易发生萎蔫，对育苗床环境变化的反应不甚敏感，靠接苗比较容易管理，对苗床的管理要求也不严格；辣椒苗嫁接在砧木苗茎的中上部，此部位的砧木苗茎较粗，较容易进行苗茎的削切和接合操作，技术简单易学，比较容易掌握；靠接法从起苗到嫁接结束需要的工序比较多，较为费工费事，通常一般人员的日嫁接苗数只有500株左右；辣椒苗的嫁接位置偏低以及辣椒苗切断苗茎后留茬太长，苗茎上容易产生不定根，较易遭受土壤污染，从而存在着继续感染病菌发病

的危险，防病效果不理想；辣椒和砧木苗茎的切口较深，嫁接苗较容易从苗茎的接合处发生折断或劈裂，造成死苗。

(3) 插接法 用竹签或金属签在砧木苗茎的顶端或上部插孔，把削好的辣椒茎插入插孔内而组成一株嫁接苗的嫁接方法。

根据辣椒苗穗在砧木苗茎上的插接位置不同，插接法又分为顶端插接和上部插接两种形式（图4-46）。

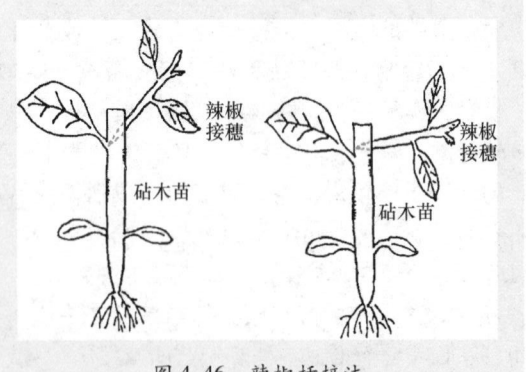

图 4-46　辣椒插接法

插接法的操作工序少而简单，嫁接效率比较高，通常一般人员平均日插接 800～1000 株苗；嫁接部位不易发生劈裂和折断，辣椒苗和砧木苗间的接合也比较牢固；砧木苗茎插孔比较深，辣椒苗穗的苗茎切面也斜跨整个苗茎，辣椒与砧木的苗茎接面截面积较大，嫁接后辣椒与砧木间的苗茎接合面积也较大，有利于辣椒苗和砧木间营养的上下畅流，有利于培育壮苗；辣椒苗穗距离地面比较远，不容易遭受土壤的污染，嫁接苗的避病效果比较好；插接法属于断根嫁接法，辣椒苗穗对干燥、缺水以及高温的反应较为敏感，嫁接苗的成活率高低受气候和管理水平的影响很大，不容易掌握。

(4) 贴接法 贴接法也叫贴芽接法。该嫁接法是把辣椒苗根部切去，只保留一小段下胚轴（下胚轴即幼苗子叶以下的苗茎部分），或者是从一段枝蔓上以腋芽为单位切取枝段，用刀片把砧木苗从顶端斜削一切面后，把辣椒苗穗或枝段的切面贴接到砧木的切面上，固定后形成嫁接苗（图4-47）。

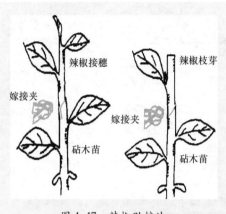

图4-47　辣椒贴接法

　　贴接法较容易进行嫁接操作，且嫁接质量也容易掌握；但嫁接苗的成活率不容易掌握；嫁接苗及嫁接株容易从接口处发生劈裂或折断；要求辣椒苗和砧木苗的苗茎粗细大体相近，以使辣椒苗和砧木苗的苗茎切面充分贴合，对嫁接用苗的大小要求较为严格。

　　（5）套管嫁接法　该嫁接法是近年来在日本兴起的一种新型辣椒嫁接法，采取贴接法操作程序进行起苗与苗茎削切，嫁接部位不用嫁接夹固定，而是用一个辣椒专用、长1.2～1.5cm、两端为平行斜面形的"C"型塑料管套住，借助塑料管的张力，使辣椒苗与砧木苗的接面紧密贴合。随着嫁接苗长大，苗茎加粗，塑料管的开口也逐渐变大，最后脱落（图4-48）。

　　与普通嫁接夹法相比较，辣椒套管嫁接法有以下优点：

　　1）嫁接口固定牢固。辣椒苗与砧木苗的接面贴合紧密。由于塑料管自身具有一定的弹性，可以随着辣椒苗与砧木苗茎的粗细变化自我调整管口径，使管口径大小与嫁接部位的粗细相互协调一致，从而能够保证辣椒苗与砧木苗茎的切面紧密贴合，提高嫁接质量。

　　2）接口保湿效果好。由于塑料管的保湿作用，嫁接苗的嫁接部位失水较少，接合部位的湿度高，有利于提高成活率。据统计，辣椒

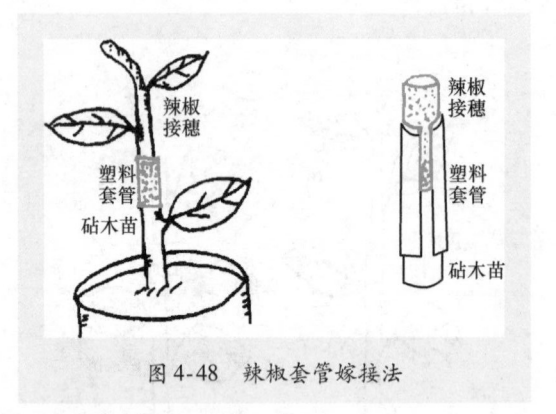

图4-48　辣椒套管嫁接法

套管法嫁接苗的成活率一般为90%以上，较其他嫁接法稍高。

3）不需去套管。由于塑料套管能够随着嫁接部位的加粗而逐渐张大开口，并自动脱落，因此塑料套管不会影响嫁接部位的加粗生长，也就不需要摘管，省工省事。

3. 嫁接对辣椒苗和砧木苗的要求

目前辣椒生产上广泛应用的嫁接育苗方法主要有劈接法、插接法、靠接法以及贴接法，各嫁接方法对嫁接用苗的大小要求如下。

1）劈接法、靠接法和贴接法的嫁接用苗要求砧木苗和接穗苗的大小接近，或砧木苗稍大一些。具体要求为：

①辣椒苗要求苗茎粗壮、色深，节间短而敦实；有真叶3～4片，叶片色深，肥厚；幼苗生长健壮，没有遭受病虫危害。

②砧木苗要求苗茎粗壮、色深，苗茎高10cm以上；叶4～5片，叶片色深，肥厚；幼苗生长健壮，没有遭受病虫危害。

2）插接法的嫁接用苗要求相对小一些，因为插接法的适宜嫁接时期为幼苗期。具体要求是：

①辣椒苗要求有真叶2片左右；苗茎粗壮、坚挺，色深；无病虫危害。

②砧木苗要求有真叶3片左右，苗茎高度6cm以上。

4. 嫁接苗管理

辣椒嫁接苗管理一般分为以下两个阶段进行。

（1）嫁接苗成活阶段 该阶段从嫁接开始，到辣椒苗开始明显生长后结束，在苗床条件适宜时，需要 8～10 天时间。该阶段的辣椒苗由于削切断根的原因，不能自己从土壤中吸收水分，或只能满足部分水分供应（靠接），维持生长需要的全部或大部分水，只能通过砧木的接面以"渗透"的方式得到供应。一旦温度偏高、空气干燥或通风量过大，苗穗就容易出现水分供不应求现象而发生萎蔫。由于辣椒嫁接苗的成活率高低受此阶段苗体内的水分含量影响极大，一旦接穗发生萎蔫，将会明显降低嫁接苗的成活率。因此，此阶段对育苗床的环境要求比较严格，具体要求和管理要点如下。

1）温度管理。此阶段的适宜温度为 25～30℃，温度过高，辣椒苗失水加快，容易发生萎蔫，一般最高温度应不超过 32℃，温度偏高时，要用草苫、遮阳网等对苗床进行遮阴。此阶段如果温度长时间偏低，辣椒苗与砧木间的接合较慢，嫁接苗的成活率和壮苗率也不高，一般要求苗床内的最低温度不低于 20℃。为确保苗床的温度需要，低温期要将嫁接安排在晴暖天气下进行，同时还要加强苗床的增温和保温工作。

2）空气湿度管理。此阶段要求比较高的空气湿度，特别是嫁接后头三天要保持在 90% 以上，以后几天也要保持在 80% 左右。在适宜的空气湿度下，嫁接苗一般表现为叶片开展正常、叶色鲜艳，上午日出前叶片有吐水现象，中午前后叶片不发生萎蔫。一般来讲，嫁接后育苗钵浇透水或苗床浇足水，并用小拱棚扣盖严实时，嫁接后头三天一般不会出现空气干燥现象，假如此阶段苗床内发生了干燥，要在早晨或傍晚，用水瓢盛水小心浇入苗行间，不要叶面喷水，以免污水流入嫁接口内，引起接口腐烂。通常从第四天开始，要适当通风，降低苗床内的空气湿度，防止苗床内的空气湿度长时间偏高引起嫁接苗发生病害。苗床通风量要先小后大，以通风后嫁接苗不发生萎蔫为宜。嫁接苗发生萎蔫时，要及时合严棚膜，萎蔫严重时，还要对嫁接苗进行叶面喷水。在通风时间安排上，要先早晚，渐至中午，嫁接苗不发生萎蔫时，可全天通风。

当苗床开始大通风后，苗床的失水速度也随之加快，育苗钵土容易干燥，要及时浇水，始终保持育苗土不干燥。

第四章 主要蔬菜棚室栽培技术

3）光照管理。此阶段要求散射光照，直射光照射嫁接苗后，容易引起嫁接苗体温过高，失水加快，而发生萎蔫。在管理上，此阶段白天要用草苫或遮阳网对苗床进行遮光，避免强光直射苗床。从第三天开始，要逐渐缩短白天苗床的遮光时间，加强苗床内的光照，防止嫁接苗因光照不足而导致叶片发黄、脱落，诱发病害等。一般头几天先将苗床遮成花荫，后过渡到不遮阴，适宜的光照时间为遮光前和除掉遮阴物后，嫁接苗不发生萎蔫。

（2）嫁接苗成活至定植阶段　该阶段从嫁接苗开始明显生长到定植前结束。该阶段对育苗床内的环境要求不甚严格，大部分管理工作可按常规育苗法进行。与常规育苗法不同的是：

1）当大部分嫁接苗转入明显生长后，要将苗床中成活不良的苗挑出，集中于一个苗床内继续给予适温、遮光和高湿度管理，促进其生长。

2）对靠接苗，还要选阴天或在晴天的下午，用刀片将辣椒苗茎从接口下切断，使辣椒苗与砧木完全进行共生。断茎后的几天里，嫁接苗容易发生萎蔫和倒伏，要对苗床进行适当地遮阴，对发生倒伏的苗要及时用枝条或土块等支扶起来，一般一周后，便可恢复正常，转入正常的管理。对砧木苗茎上长出的侧枝以及辣椒苗上长出的不定根，要随发现随抹掉。

3）靠接苗和劈接苗上的嫁接夹，不要摘掉，留下保护接口，一般在嫁接苗定植于大田并支架固定后再摘掉为宜。

四　定植技术

1. 整地施肥

定植前首先应进行温室或大棚内的消毒与整地施肥。其方法与本章第五节茄子栽培的有关技术相同。

（1）整地　辣椒的根系不发达，对耕层要求不甚严格，一般结合施肥深翻20cm以上即可。

（2）施肥　辣椒喜肥但不耐肥，施肥过多或施肥不均匀时容易发生烧根。

温室辣椒的栽培期比较长，需肥量大，应多施、深施有机肥，少施速效化肥。另外，辣椒对缺素也较为敏感，要求进行配方施肥。

温室辣椒的参考施肥配方为：每100m² 施充分腐熟的纯鸡粪1m³ 左右、饼肥粉或煮熟并充分腐熟的大豆20kg以上、复合肥10～15kg、钙镁磷肥15kg左右及硼肥、铁肥等各15g左右。要求均匀施肥。在翻地前将大部分的鸡粪以及钙镁磷肥、微肥均匀撒于地面，深翻入地下。整平地面后，再将剩下的肥在定植辣椒苗处开沟集中施肥，开沟深20cm左右，沟宽1铁锨，施肥后集中翻一遍施肥沟，将肥与土混拌均匀。施肥后最好将施肥沟浇一大水，使沟土充分沉落，同时也能够防止栽苗后发生肥害。

(3) 做畦 冬春茬辣椒栽培以垄栽为宜。一般可采用大小垄栽培，即大行距70cm，小行距55cm，并在小行距两垄上铺一幅地膜。膜下沟为暗灌沟，大行距两垄间的明沟为作业行间。垄做好后，待10cm深最低地温达15℃以上、最低气温12℃以上时，可进行定植。

辣椒根系喜疏松透气性好的土壤，在黏重的土壤中栽培辣椒，根系发育差，发棵慢，结果晚，果实小，畸形果也比较多。故温室辣椒最好用垄畦栽培。另外，垄畦栽培也有利于预防辣椒疫病。

辣椒要求深栽苗，为提高栽苗的质量，一般先开沟栽苗，栽苗后再从苗行两边拢土培垄成畦。

2. 定植

(1) 定植期确定 要求在当地秋末冬初连阴天到来前10天左右定植，以在连阴天到来时安全缓苗。辣椒的育苗期不宜过长，否则根系容易发生老化，形成老化苗。适宜的定植苗大小为苗茎顶端初现花蕾。辣椒苗如果过小定植，定植后容易萎蔫，死苗率高。

【注意】 辣椒定植前5～6天进行囤苗，囤苗时间以4～5天为宜，不能浇水。

(2) 定植密度 冬春温室辣椒的栽培期比较长，应稀植。适宜的定植密度为每平方米栽苗6株左右。应按大小行距栽苗，适宜的大行距为60～70cm，小行距为40cm。适宜的株距为30cm。

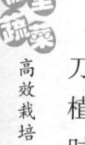

（3）定植方法

1）用打孔器在铺有地膜的垄上以25~30cm的穴距打孔（或用刀片划成十字形开口，再挖穴），然后每穴定植2株。这样每亩可定植3200~3400穴，合6400~6800株。定植后浇足埯水，待水渗后及时封埯。也可以采用行距50cm，株距25~30cm，单株定植，这样每亩可定植4000~5000株（图4-49）。

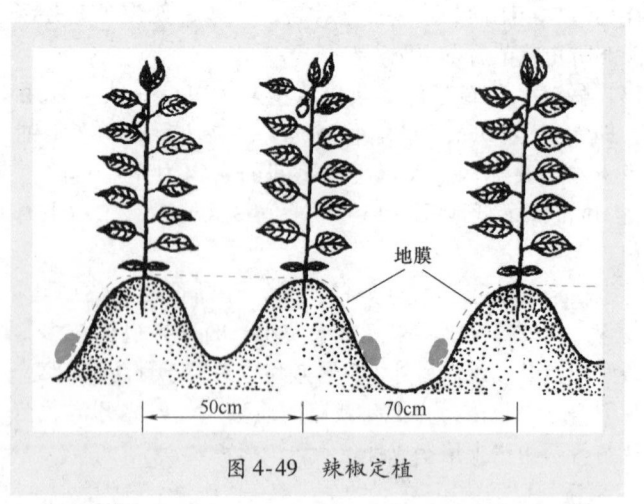

图4-49　辣椒定植

2）整平地面后，按行距画线开沟，沟深5cm左右。将辣椒苗按株距栽入沟内，并用适量的土固定住苗。栽满一沟后，用水管或水桶将定植沟浇满水，水渗后平沟，并用镢头从苗行两边取土培垄。小行间取土要少，使培垄后垄沟深10~15cm即可，大行间取土应多，使培垄后垄沟深15~20cm。培垄后，将小垄沟内浇满水，要求水量能渗透垄背。

3. 定植后管理技术

（1）环境管理

1）温度管理。定植后缓苗阶段要保持高温，适宜的温度为25~32℃。冬春茬辣椒一般10月中下旬定植，此时温室内的温度比较高，要注意防高温，晴天中午前后的温度超过35℃时要通风降温或遮阴降温。缓苗后对辣椒进行大温差管理，白天温度为26~30℃，夜间温度15℃左右。开花结果期温度高于30℃或低于15℃，落花落果或畸形果会增加。冬季要注意防寒，最低温度不要低于5℃，低于5℃时要采取增温措施。为增加白天温室的蓄热量，冬季要晚通风，白天中午前后的温度达不到35℃不通风。来年春季要注意防高温，白天温度30℃左右，夜间温度20℃左右。

2）水分管理。辣椒的根系浅小，怕旱怕涝，对土壤湿度的要求比较严格，要提高浇水质量。有条件的地方最好进行滴灌浇水。辣椒不容易发生徒长，定植缓苗后应及时浇一次水，促进发棵。缓苗后根据墒情，膜下暗沟浇一次水，门椒膨大前不再浇水。门椒膨大后，选择晴天中午前进行浇水。结果期间要勤浇水、浇小水，经常保持地面湿润。冬季浇水要以浇小垄沟为主，反对大小垄沟一起浇水。另外，浇水时垄沟内也不应浇水过满，淹没植株的根茎部。冬季浇水要尽量浇事先在温室内预热的温水，直接浇温室外的冷水容易伤根，引发根腐病。

3）追肥。根据辣椒的需肥规律，在辣椒栽培中除施足基肥外，还要进行追肥，在门椒坐果2周后，每亩可追施尿素25kg及硫酸钾8～10kg。以后根据情况每隔4水进行1次追肥，每次亩追尿素15～20kg。追肥后应及时灌水。

辣椒叶片对叶面施肥比较敏感，叶面施肥的含量要低，最好是用复合肥、糖或叶面专用肥进行叶面施肥。

开花结果期开始，进行二氧化碳气体施肥含量为800～1000mL/m³，春季温度高，辣椒生长也快，施肥含量应高，适宜的含量为1200mL/m³左右。当温室大通风后停止施肥。

（2）植株调整　采用改良式双秆整枝。主茎上第1次分杈下的侧枝要全部抹掉，2个一级分枝上再分出的2个侧枝（也叫二级分枝），全部保留，4个二级分枝及以后的各级分枝上再发出的侧枝，只选留一条粗壮的作为结果枝，其余的侧枝全部剪掉。整枝后的植株形状见图4-50。此法整枝后，每株辣椒上只保留4条结果枝干，构成双杈，故该整枝法又叫"双杈整枝"。植株长至50cm高时在垄两侧用竹竿或铁丝夹住。在第三层果实（四面斗）结果后，往往出现枝叶茂盛，通风透光不良的现象。因此，此时应适当摘除下部老叶，以保证群体内良好的通风透光条件。

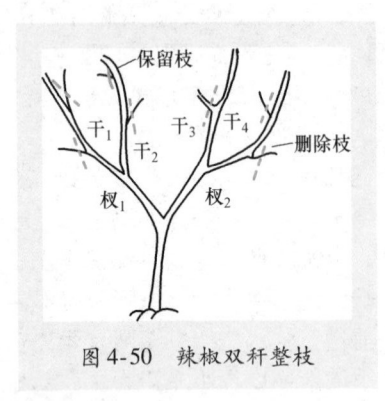

图4-50　辣椒双秆整枝

五　收获

辣椒可连续结果多次采收，青果、老果均能食用，一般在花凋谢20~25天后可以采收青果。为了提高产量，有利于上层多结果及果实膨大，应及时采收。第1、2层果宜早采收，以免坠秧，影响上层果实的发育和产量的形成。其他各层果宜充分"转色"后才采收，即果皮由皱转平、色泽由浅转深并光滑发亮时采收。采收盛期一般每隔3~5天采收1次。以红果作为鲜菜食用的，宜在果实八九成红熟后采收。干制辣椒要待果实完全红熟后才采收。

采收宜在晴天早上进行。中午水分蒸发多，果柄不易脱落，采收时易伤及植株，并且果面因失水过多而容易皱缩。下雨天也不宜采收，采摘后伤口不易愈合，病菌易从伤口侵入引起发病。

六　辣椒病虫害防治

1. 猝倒病

【症状】　猝倒病主要发生在辣椒苗期。幼苗感病后在与土壤接触的茎基部呈水渍状软腐倒伏，即猝倒。椒苗初感病时呈暗绿色，感病部位逐渐萎缩，病苗折倒坏死（彩图33）。染病后期茎基部病斑变成黄褐色水浸状，组织腐烂中枯，使幼苗凋萎而倒伏，发展快，引起成片死苗。

【发病原因】　病菌主要以卵孢子在土壤表层越冬。条件适宜时产生孢子囊释放出游动孢子侵染幼苗。通过雨水、灌溉水和病土传播，带菌肥料也可以传病。低温高湿条件下容易发病，土温 10 ~ 13℃，气温 15 ~ 16℃时病害易发生流行。播种、移栽、苗期浇大水或连阴天低温环境下发病重。光照不足、幼苗长势弱、抗病力下降易发病。猝倒病多在幼苗长出 1 ~ 2 片真叶前发生，长出 3 片真叶后发病较少。

【防治方法】

1) 选用抗病品种。如甜椒红英达、新梦德、冀研 12 系列等品种。

2) 农业措施。清洁田园；床土消毒；苗床要平整、床土松细；用腐熟的有机肥配制育苗营养土；采用配制好的营养块育苗；严格控制化肥用量，避免烧苗；合理分苗、密植；苗床内温度应控制在 20 ~ 30℃，地温保持在 16℃以上，注意提高地温，降低土壤湿度，防止出现 10℃以下的低温和高湿环境；缺水时可以在晴天喷洒，切忌大水漫灌；及时检查苗床，发现病苗立即拔除。

3) 药剂处理。种子包衣处理：选 2.5% 适乐时悬浮种衣剂 10mL 加 35% 金普隆乳化拌种剂 2mL，加水 150 ~ 200mL 包衣 3kg 种子，可有效预防苗期猝倒病和其他苗期病害。苗床土药剂处理：取大田土与腐熟的有机肥按 6∶4 混匀，并按每 50kg 苗床土加入 20g 68% 金雷水分散粒剂和 2.5% 适乐时悬浮剂 10mL 混匀过筛。用这样的土装入营养钵或做苗床土表土铺在育苗畦上。药剂喷施：可选择 68% 金雷水分散粒剂 500 ~ 600 倍液、72% 抗灵可湿性粉剂、72% 霜疫清可湿性粉剂 700 倍液喷施。灌根：于发病初期用根病必治 1000 ~ 1200 倍液灌根，同时用 72.2% 普力克 400 倍液喷雾效果很好，或用猝倒必克灌根，效果很好，但注意不要过量，以免发生药害。

2. 疫病

【症状】 疫病在辣椒整个生育期均可以感染。茎秆、果实、叶片都能感染。感病后茎秆节间处或根基部呈黑褐色腐烂症状（彩图 34），干枯茎秆长出白色霉状物。幼苗茎秆枯干死亡，常称为茎基腐病，棚室湿度大时感病部位表面长出少量稀疏白色霉层。叶片染病，从叶边缘开始，初期有形状不定的水渍状暗绿色、黄绿色直至暗褐色大块病斑。病重时叶片腐烂整株枯死（彩图35）。果实感病大多从果蒂开始，初期呈水渍状不规则暗绿软斑（彩图36），后期果实变褐绿色水渍状圆形大病斑。

【发病原因】 辣椒疫病是由鞭毛菌亚门、辣椒疫霉真菌侵染所致。病菌以卵孢子在土壤中或病残体中越冬，借风、雨、灌水及其他农事活动传播。发病后可以产生新的孢子囊，形成游动孢子进行再侵染。病菌生育温度范围为 10～37℃，最适宜温度为 20～30℃。空气相对湿度达 90% 以上时发病迅速；重茬、低洼地、排水不良、氮肥使用偏多、密度过大、植株衰弱均有利于该病的发生和蔓延。

【防治方法】

1）选用抗病品种。如红英达、方舟等。

2）农业措施。种子严格消毒，培育无菌壮苗，减少病害；实行轮作、深翻改土，增施有机肥、磷钾肥和微肥，适量施用氮肥，改善土壤结构，提高保肥保水性能，促进根系发达，植株健壮；全面覆盖地膜，加强通气；注意观察，发现少量发病叶果，立即摘除深埋。

3）药剂处理。定植前要搞好土壤消毒，结合翻耕，每亩喷洒3000 倍 96% 天达恶霉灵药液 50kg 或每亩撒施 70% 敌克松可湿性粉剂 2.5kg、38% 恶霜嘧铜 50mL，杀灭土壤中残留病菌；定植后 15 天喷洒 1 次 1：200 倍波尔多液进行保护，防止发病。

预防可采用 70% 达科宁可湿性粉剂 600 倍液、25% 阿米西达悬浮剂 1500 倍液、25% 瑞凡悬浮剂 1000 倍液。发现中心病株后立即全面喷药，并及时清除病叶带出棚外烧毁。救治可选择 68% 金雷水分散粒剂 500～600 倍液。

3. 病毒病

【症状】 病毒病的感病症状有花叶、黄化、坏死、畸形等多种。生产中常见的主要有花叶，叶片叶脉稍透明，叶色深浅不一，形成斑驳花叶（彩图37），重症时叶片还凹凸不平，皱缩畸形，植株生长缓慢，严重矮化（彩图38）；黄化症状的感病叶片明显变黄，容易出现落叶落花现象；坏死症的植株叶片或枝条组织出现坏死斑（彩图39）；畸形症的植株整株变形，叶片变成线形蕨叶，植株矮小、分枝多。果实有坏死条纹和畸形果（彩图 40）。

【发病原因】 病毒是不能在病残体上越冬的，只能靠冬季种植的蔬菜、多年生杂草作寄主存活越冬，第二年靠昆虫接触伤口传播，通过整枝打杈等农事活动传染。蚜虫取食传播，是病害发展蔓延的主要因素。病毒病的发生与环境条件关系密切。高温干旱适合病毒病发生，有利于蚜虫繁殖和传毒。管理粗放、杂草丛生和紧邻十字花科制种田发病重。

【防治方法】 防治病毒病，铲除传毒媒介是关键。

1）选用抗病品种。如津椒 3 号、甜杂 1 号、甜杂 2 号、农大40、中椒 2 号、中椒 3 号、冀研 13、索菲亚等。

2）农业措施。彻底铲除田间杂草和周围越冬存活的蔬菜老根，尽量远离十字花科制种田；增施有机肥，培育大龄苗、粗壮苗，加强中耕，及时灭蚜，增强植株自身的抗病毒能力是关键；最好在育苗时加防虫网，采用"两网一膜"（防虫网、遮阳网、棚膜）来降低棚温和阻隔蚜虫和白粉虱、蓟马。利用蚜虫的驱避性可采用银灰膜避蚜、悬挂黄板诱蚜。

3）药剂防治。种子处理：用 10% 的磷酸三钠浸种 30min，然后清水冲洗催芽播种。灌根用药（懒汉灌根施药法）：用强内吸剂25% 阿克泰水分散粒剂一次性防治，持效期可长达 25～30 天。方法是在移栽前 2～3 天，用 25% 阿克泰水分散粒剂 1500～2500 倍液喷淋幼苗。喷施用药：可选用 25% 阿克泰水分散粒剂 2500～5000 倍液或 10% 吡虫啉可湿性粉剂 1000 倍液等进行喷施，有一定抑制病毒病的作用。

附录　常见计量单位名称与符号对照表

量的名称	单位名称	单位符号
长度	千米	km
	米	m
	厘米	cm
	毫米	mm
面积	公顷	ha
	平方千米（平方公里）	km^2
	平方米	m^2
体积	立方米	m^3
	升	L
	毫升	mL
质量	吨	t
	千克（公斤）	kg
	克	g
	毫克	mg
物质的量	摩尔	mol
时间	小时	h
	分	min
	秒	s
温度	摄氏度	℃
平面角	度	(°)
能量，热量	兆焦	MJ
	千焦	kJ
	焦［耳］	J
功率	瓦［特］	W
	千瓦［特］	kW
电压	伏［特］	V
压力，压强	帕［斯卡］	Pa
电流	安［培］	A

参 考 文 献

[1] 北京农业大学. 蔬菜栽培学·保护地栽培 [M]. 2 版. 北京：农业出版社，1980.

[2] 张福墁. 设施园艺学 [M]. 2 版. 北京：中国农业大学出版社，2010.

[3] 张真和. 我国设施蔬菜发展中的问题与对策 [J]. 中国蔬菜，2009 (1)：1-3.

[4] 王惠永. 我国设施园艺生产概况 [J]. 农业工程学报，1995，11 (增)：120-125.

[5] 李天来. 日光温室和大棚蔬菜栽培 [M]. 北京：中国农业出版社，1997.

[6] 孙程旭，李建设，高艳明. 我国设施园艺农用覆盖材料的应用与展望 [J]. 长江蔬菜，2007 (4)：32-36.

[7] 李式军. 设施园艺学 [M]. 北京：中国农业出版社，2002.

[8] 张真和，李建伟. 我国棚室覆盖材料的应用与发展 [J]. 长江蔬菜，1997 (7)：35-41.

[9] 张彦萍. 设施园艺 [M]. 2 版. 北京：中国农业出版社，2009.

[10] 马承伟，苗香雯. 农业生物环境工程 [M]. 北京：中国农业出版社，2005.

[11] 蔡象元. 现代蔬菜温室设施和管理 [M]. 上海：上海科学技术出版社，2000.

[12] 李式军. 积极发展中的南方设施园艺业 [J]. 中国蔬菜，2000 (3)：1-4.

[13] 张真和. 高效节能日光温室园艺——蔬菜果树花卉栽培新技术 [M]. 北京：中国农业出版社，1995.

[14] 赵德菱，高崇义，梁建. 温室内高压喷雾系统降温效果初探 [J]. 农业工程学报，2000，16 (1)：87-89.

[15] 李式军. 蔬菜遮阳网、无纺布、防雨棚覆盖栽培技术 [M]. 北京：中国农业出版社，1993.

[16] 李天来. 设施蔬菜栽培学 [M]. 北京：中国农业出版社，2011.

[17] 孙茜，梁桂梅. 设施蔬菜安全高效栽培技术手册 [M]. 北京：中国农业出版社，2012.

［18］黄丹枫，牛庆良．现代化温室生产效益评析［J］．沈阳农业大学学报，2000，31（1）：18-22．

［19］马占元．日光温室实用技术大全［M］．石家庄：河北科学技术出版社，1997．

［20］孙治强，张绍文．日光温室建造与蔬菜栽培［M］．郑州：河南科学技术出版社，1994．

［21］贡月玲，王大双，汪士尚．几种不同形式的温室保温覆盖卷帘机［J］．农村实用工程技术，2000（4）：10-11．

［22］李曙轩．中国农业百科全书——蔬菜卷［M］．北京：农业出版社，1990．

［23］中国地膜覆盖栽培研究会．地膜覆盖栽培技术大全［M］．北京：农业出版社，1988．

［24］张颂培，李建宇，陈娟，等．我国农用转光膜的研究进展［J］．中国塑料，2003，17（11）：19-23．

［25］夏春森，何星石．蔬菜遮阳网、防虫网、防雨棚覆盖栽培［M］．北京：中国农业出版社，2000．

［26］邓开明，潘国顺，华文玉．大学物理：上册［M］．北京：机械工业出版社，2006．

［27］李晓东，张庆红，叶瑾琳．气候学研究的若干理论问题［J］．北京大学学报：自然科学版，1999，35（1）：101-106．